中国书籍学术之光文库

拉康精神分析学的能指问题

杜 超 著

中国书籍出版社
China Book Press

图书在版编目（CIP）数据

拉康精神分析学的能指问题/杜超著 . —北京：中国书籍出版社，2020.1

（中国书籍学术之光文库）

ISBN 978-7-5068-7676-6

Ⅰ.①拉… Ⅱ.①杜… Ⅲ.①拉康（Lacan, Jacques 1901-1981）—精神分析—思想评论 Ⅳ.①B84-065②B565.59

中国版本图书馆 CIP 数据核字（2019）第 287445 号

拉康精神分析学的能指问题

杜　超　著

责任编辑	于　震
责任印制	孙马飞　马　芝
封面设计	中联华文
出版发行	中国书籍出版社
地　　址	北京市丰台区三路居路 97 号（邮编：100073）
电　　话	（010）52257143（总编室）　（010）52257140（发行部）
电子邮箱	eo@ chinabp. com. cn
经　　销	全国新华书店
印　　刷	三河市华东印刷有限公司
开　　本	710 毫米×1000 毫米　1/16
字　　数	186 千字
印　　张	15.5
版　　次	2020 年 1 月第 1 版　2020 年 1 月第 1 次印刷
书　　号	ISBN 978-7-5068-7676-6
定　　价	95.00 元

版权所有　翻印必究

前　言

　　雅克·拉康是20世纪极具影响力的精神分析学家、哲学家。他在承继弗洛伊德学说的基础上，又运用了结构语言学、数学、拓扑学等工具对其进行了改造，最终完成了对弗洛伊德思想的颠覆性回归，形成了独具特色的精神分析学说。拉康学说的提出，不仅反对了当时占主导地位的自我心理学，更创造性地将精神分析与诸多学科结合起来进行研究，突破了学科界限，实现了跨学科的交叉。拉康精神分析理论的特色在于对语言学术语的借用，他在借鉴索绪尔、雅各布森等语言学家思想的基础上，排除了索绪尔符号中的"所指"，赋予了"能指"这一术语优先性，并将之与主体、症状、话语等联系起来，使得"能指"成为构建主体的元素。他的跨学科研究方法不仅革新了精神分析学说，更为语言学研究拓展了领域。

　　本书以拉康的能指问题为研究内容，试图通过阐述能指的由来、发展、变化勾勒拉康思想的全貌。拉康的能指概念虽源自语言学，但在后期却逐渐突破了语言学视域，走向了更为宏大的学科背景。本书在尝试归纳整理能指概念演变的基础上，将之作为方法论工具对精神分析做出阐释，并在结合相关理论的前提下，对之做出批判。尽管如此，拉康能指理论带来的深远学术影响也是不可忽视的。在对拉康能指理论的批判性继承上，众多学者对之做了不同方向的延伸。齐泽克的意识形态批评理论、拉克劳与墨菲的政治学均借鉴了拉康的话语理论，克里斯蒂娃的解析符号学以拉康的能指理论为基础，埃莱娜·西苏的"女性书写"理论植根于对拉康"菲勒斯"能指的批判，阿兰·巴迪欧、阿尔都塞、德勒兹等学者均受到了拉康相关思想的影响。

本书由绪论、正文、结论三部分构成。绪论部分主要对本书的研究价值、国内外研究现状、本书的研究思路及创新之处做了说明。突出了本书与其他论书的不同之处：紧抓"能指"这一线索，串联拉康前后期思想的发展变化，避免了结构上的散乱与内容的冗杂。

第一到五章为论文的主体部分。第一章主要讲述拉康在借鉴索绪尔符号学思想的基础上，结合雅各布森的解读，参照列维-斯特劳斯结构人类学中"漂浮的能指"概念，剥离了索绪尔符号中的所指，突出了能指的优先性，构建了能指链。由于排除了所指，索绪尔理论中依靠能指与所指结合产生意义的方式也被排除了。为了解决意义产生的问题，拉康再次借鉴了雅各布森的相关研究，将隐喻与转喻看作了能指链意义的产生方式。

第二章从能指与主体的关系入手，界定了拉康精神分析学的主体。人类作为早产儿，出生后是无法掌控自己身体的，通过认同具有完整性的镜像，人类获得了主动性，建立了具有虚假性、想象性的自我。但自我远非拉康精神分析的研究对象，相反，那个被自我所遮蔽的无意识主体才是精神分析的研究要义，从自我与主体的关系，可进一步推衍出想象界与符号界的关系。对于主体来说，进入符号界才能获得"在"，在从想象界过渡到符号界的过程中，俄狄浦斯结构是唯一的途径，只有认同父之名能指，接收符号律法的阉割，放弃对母亲的欲望，才能在符号界获得铭记，获得菲勒斯的意义，并进一步产生性别认同。但这样的能指主体是不完全的，主体仍有无法被能指化的部分，基于此，拉康界定了主体的两面：能指主体与原乐主体，二者是相互补充的。

第三章从能指的角度对症状做了阐释，在宏观阐述拉康的身体概念、症状形成的基础上，深入分析了症状的三种不同临床结构（神经症、精神病、性倒错）与能指的关系。神经症包括歇斯底里与强迫型神经症，这两种结构分别关乎主体的性别与存在问题，精神病和缺失的父之名能指相关，性倒错则由于对父亲功能的拒认。尽管拉康早期将俄狄浦斯结构中父之名能指的缺失看作是精神病产生的原因，但在后期阅读了乔伊斯的著作后，他认识到乔伊斯虽然未认同父之名能指，但他的写作替代了父之名能指发挥作用，从而避免乔伊斯陷入精神病的结构。根据乔伊斯的个例，拉康进一步提出了症象的概念，这也是拉康对原乐进行描述的尝试。但症象的结构有不同方式，与乔伊斯用意义的丰盈建构症象不同，爱尔兰作家贝克特则通过意义的缩减来建构症象。

第四章讲能指的局限及其扩展，拉康在巴黎五月风暴爆发之际，提出了四种话语模型：大学话语、主人话语、歇斯底里话语、分析师话语。这四种话语模型均依靠$\$$（主体），S1（主人能指），S2（知识），a（剩余原乐）的不同转位而形成。结合当时的历史背景，拉康看到了大学话语与主人话语的流行，也认识到了语言学能指的局限——它总是压抑着真相。因此，他开始转向数学与拓扑学，因为数学能指具有纯粹性，而拓扑能指自身就是结构，它不依靠言说，只展示，这也是拉康对语言学能指做出的扩展与延伸，其目的在于摆脱语言学能指可能携带的意识形态，而使能指回归其纯粹性。

第五章，系统地回溯了拉康的能指路径之后，将拉康的能指理论置于语言学背景，分析了德勒兹、德里达等学者对其做出的批判。德里达一方面指出，拉康对《失窃的信》这一文本的分析，落入了诠释学的领域，而未将其当作一个能指，与爱伦·坡的其他文本联系起来，这就将能指当作了所指来对待。另一方面，德里达也对能指的定位问题提出了质疑，根据德里达的分析，拉康的能指总是会回到它应该在的地方，这就使拉康的能指带有了先验色彩。另外，德里达也对拉康的主人话语做出了批判，并认为拉康站在了上帝视角对《失窃的信》进行了文本分析，而忽视了自己也为能指移动中的一环，也是被这一文本的能指暂时地带到了这个提供文本分析的地方。德勒兹在批判拉康将能指提升到优先地位的基础上，指出这样做会带来能指的专制，而菲勒斯能指就是这一专制的代表。为了反对能指的专制，德勒兹提出了语言的精神分裂式运用，以强调能指的纯粹生成状态。在批判的基础上，笔者进一步介绍了相关学者对拉康能指理论的承继，齐泽克、克里斯蒂娃、埃莱娜·西苏等学者均是在批判性阅读拉康的基础上，对之做了推衍。

结语部分在肯定拉康能指理论的价值之外，也提出了笔者对其所做的批判。对拉康的批判需回归到索绪尔理论中，拉康能指的最大问题在于对索绪尔的误解。一方面，他忽视了索绪尔理论中的"关系"问题，将索绪尔符号学中首要的关系问题，替换为了能指对所指的"阻隔"，偏离了索绪尔的符号学构想。另一方面，拉康误读了能指的线性特征，索绪尔的能指线性特征，并非音位的单向度展开，而是一种听觉印象在大脑中生成后的多维度空间形态，拉康所忽视的，恰是索绪尔能指的心理性。在排除了所指之后，由能指与所指间关系转移带来的符号系统变化性就受到了质疑，由于能指链以转喻与隐喻为意义生产方式，但这两种方式很难实现能指组合的自由性与丰富性。拉康在后期提出的"文字"概念，所寻求的便是能指使用的不规则性与新颖性，其目的也是为了解决这一问题。

除了语言学与精神分析外，拉康的能指理论亦可运用至多个领域：如艺术鉴赏、如文本分析、电影解读……时至今日，将拉康能指理论作为工具进行作品分析的热度丝毫未减，但对拉康能指理论的系统阐释却相对贫乏。笔者在借鉴国内外相关研究的基础上，对拉康能指理论做了批判性阅读，其目的不仅在于梳理拉康思想，更是为了将之放置在语言学的背景中，将拉康的能指与其余学者的能指串联起来，形成一条条能指链，以观察其运作方式。对于拉康来说，他的能指理论亦是能指链中的一环，依据不同的运动，会产生不同的意义。笔者的阐释，亦是暂时将其锚定在了某个位置上，以寻求意义的短暂栖身。随着能指链的持续游移，这一锚定点也会随之消隐，拉康的能指会不断地和其他能指交叉，从而产生新的意义。因此，对拉康理论的理解亦会多种多样，这种动态的运作方式，持续为拉康的理论注入着活力。

目 录
CONTENTS

绪　论 …………………………………………………………… 1

　一、拉康能指理论研究的价值与意义　1

　二、国内外研究现状　4

　三、研究思路及创新之处　9

第一章　从能指到能指链 ……………………………………… 13

　第一节　拉康与索绪尔：能指链的形成　13

　　一、从索绪尔的符号到拉康的能指　13

　　二、经雅各布森、列维-斯特劳斯转介形成的能指的优先性　20

　　三、$\frac{S}{s}$、能指链和锚定点　26

　　四、结语　31

　第二节　转喻与隐喻：能指链的运作方式　35

　　一、雅各布森的两极图式　37

　　二、转喻与移置　41

　　三、隐喻与凝缩　45

　　四、转喻与隐喻的关系　50

第二章　能指与主体 …………………………………………… **54**

第一节　镜像阶段中的自我及其与主体的关系　54

一、匮乏的前镜像阶段　56

二、作为结构戏剧的镜像阶段　59

三、自我与主体的关系　66

第二节　菲勒斯的戏剧：从想象界到符号界　70

一、以想象菲勒斯为中心的俄狄浦斯情结　72

二、菲勒斯能指的意指效果：父性隐喻　76

三、菲勒斯能指与性别获得　80

四、结语　85

第三节　精神分析主体的划分与界定　87

一、根据语言学进行的分类——陈述主体与阐述主体　88

二、引入逻辑维度的分类——能指主体与原乐主体　91

三、结语　101

第三章　能指与症状 …………………………………………… **104**

第一节　拉康的身体观与症状　104

一、身体作为症状的场所　104

二、症状的阐释　107

三、幻见的穿越　111

第二节　症状的临床结构　119

一、神经症　120

二、精神病　127

三、性倒错　131

四、结语　134

第三节 文学作为"症状" 136
一、能指的物质性 136
二、乔伊斯作为症状 138
三、乔伊斯的提名 144
四、症象的其他建构 150

第四章 能指的局限及其扩展 154

第一节 能指的局限——话语模式的提出 154
一、话语模式的概述 155
二、四种话语模式 158
三、结语 168

第二节 能指的扩展——数学能指与拓扑能指 170
一、数学能指 171
二、拓扑能指 177
三、结语 185

第五章 拉康的能指理论 188

第一节 拉康的路径：从语言学到拓扑学 188
一、索绪尔的无意识语言研究 188
二、对事物的"谋杀" 190
三、主体的引入 191
四、从能指到文字 195

第二节 拉康能指理论的批判与承继 198
一、拉康能指理论的批判 200
二、拉康能指理论的承继 207

结　语 …………………………………………………… **212**

参考文献 ………………………………………………… **219**

致　谢 …………………………………………………… **230**

攻读学位期间发表的学术论文目录 …………………… **231**

绪　论

雅克-阿兰·米勒说："为了谋生，列维·斯特劳斯、巴特、福柯以及德里达做了什么？他们教学和写作，他们上课，他们是知识分子，是老师，他们是普通人。那么拉康在他的一生中做了什么呢？这仅有一个回答，他看望病人。"[1] 作为拉康的女婿兼学术继承人，米勒的这句话直接点明了拉康与同时代学者的差异。作为一名精神分析师，拉康在法国的影响却不限于心理学，他的语言观、伦理观等都对相关学科产生着不容小觑的作用。

一、拉康能指理论研究的价值与意义

1901年，雅克·拉康诞生于法国巴黎一个中上层阶级家庭，由于笃信天主教，他在1907年被送入耶稣教会办的斯坦尼斯拉斯学校进行学习。年轻时的拉康对哲学有强烈的兴趣，尤其是斯宾诺莎的哲学。

---

[1] Mark Bracher, Marshall W. Alcorn, Jr., Ronald J. Corthell, etc. *Lacanian Theory of Discourse: Subject, Structure, and Society.* New York and London: New York University Press. 1994. p. 32.

1919年，拉康考取了巴黎医学院，开始接受关于精神分析的教育，但他一直保持着对文学与哲学的浓厚兴趣。毕业之后，他于1928年进入圣安娜医院，接受精神分析训练，并在亨利·克劳德的指导下完成了博士论文《论偏执狂心理及其与人格的关系》。此后，除了在第十四届国际精神分析大会上宣读《镜像阶段》的文章外，拉康的研究重点一直放在对偏执狂的研究上。从20世纪40年代起，拉康接触到了结构语言学，并开始将之作为精神分析的工具。从1953开始，他举办了为期27年之久的研讨班，先后吸引了包括阿尔都塞、雅各布森、克里斯蒂娃等大批国内外哲学家与思想家。从60年代中期起，拉康开始运用数基、代数、拓扑等手段研究精神分析，并于70年代达到了高峰，1981年，拉康因病逝世。

拉康可以说是自精神分析的创始人弗洛伊德以来最重要的精神分析学家。尽管他以晦涩著称的写作风格令他饱受非议，但是他的研究方法革新了传统的精神分析，其将结构语言学、数学、拓扑学等方法与精神分析的创造性结合是极具开创意义的，而这些研究方法均可围绕着"能指"这一概念进行。尽管在一般意义上，拉康对结构语言学立场的放弃被认为是对"能指"的扬弃，但总体来说，无论是后期的牙牙语、数基、拓扑结构，都属于广义的能指，也正是基于此，拉康的能指理论具有了研究价值。

第一，拉康的能指理论拓展了能指的内涵。作为结构语言学的重要术语，"能指"这一概念贯穿了拉康的整个精神分析理论。他对能指的使用，也是在其最宽泛的意义上进行的。早期的拉康创造性地将能指同主体、欲望、症状、性别等联系起来，这不仅为精神分析提供了一条新的研究路径，也为符号学与精神分析学构建了一条桥梁。而晚期的拉康又拓展了能指的概念，将代数、拓扑等均纳入了能指的范畴，能指不再是专属语言学的概念，它可以同诸多学科发生关联，可以说，拉康的能指理论为语言学与其他学科的交叉研究提供了一个范式。

第二，拉康的能指理论为符号学研究提供了理论空间。拉康的能指理论经由不同学者的改造，拓展到了不同的领域，为符号学的进一步研究提供了可能性。齐泽克将拉康的能指理论同意识形态批评结合起来，拉克劳和墨菲将之拓展到政治领域，露西·伊利加蕾、埃莱娜·西苏等则将之应用于女性主义。拉康能指的迁移与推衍，不仅是拉康能指理论保持活力的方式，也为符号学研究的扩展提供了一个视域。

对于拉康理论研究的意义，在于将法国当代最重要的精神分析学家拉康的思想推进至深度的研究，并提供一条清晰而准确的理论脉络，这条脉络以能指概念为中心。这不仅仅为研究拉康而整理拉康理论，而是以问题意识为引领，将拉康理论重铸到符号学的能指理论中，通过揭示拉康理论中作为内在理路的能指概念，指出其对能指概念的深化及其适用范围。拉康能指理论的影响不仅体现在精神分析的临床实践之上，在精神分析之外，包括文学研究、电影批评、女权主义等各个理论学科，都多多少少受到了拉康思想的影响，并且许多耳熟能详的思想家如路易·阿尔都塞、斯拉沃热·齐泽克、阿兰·巴迪欧等都受到了拉康理论的深刻影响。作为法国的"弗洛伊德"，拉康不仅为精神分析做出了巨大的临床贡献，更是为其他人文学科提供了一种理论工具，他推动了精神分析文本批评，拓宽了语言研究的视野，促进了符号学和语言哲学的发展。然而，国内对拉康的译介和研究工作还很不充分，拉康理论的来龙去脉也乏人问津，梳理拉康思想之脉络是理解拉康理论的前提。

二、国内外研究现状

(一) 国外研究现状

国外对拉康的研究可谓文山书海，这主要体现在以下几个方面。

首先在于现存的众多拉康研究机构。比如位于法国的拉康精神分析学院（ELP）、旧金山拉康研究学会、国际拉康派组织，等等，都汇聚了一批优秀的拉康派学者，他们均是在对拉康理论进行深入了解的基础上，履行拉康的精神分析实践原则，实施拉康的临床技术，对病患进行治疗。

其次便是关于拉康研究的网站与专门杂志，比如每年发行两期的《拉康派墨水》(*Lacanian Ink*)，每期均以拉康理论的某个关键词为主题，收录一些当代拉康研究中新颖有趣的文章，其内容涉及多个领域；再如由拉康的女婿雅克·阿兰米勒主编的电子期刊《症状》(*The Symptom*)也收录了众多研究拉康的出色文章。其他一些网站包括拉康精神分析百科全书（http://nosubject.com），主要涉及对拉康理论基本概念的解释；拉康在爱尔兰（www.lacaninireland.com）提供了大量尚未出版的拉康研讨班英译本；拉康在线（www.lacan.com）收录了大量拉康研究的视频、课程等。

再次便是关于拉康著作的翻译。拉康在其一生仅出版过一本书，即《拉康选集》(*Écrits*)，目前存在两个版本的英译本，其一为阿兰·谢里丹于1977年翻译的《书写选集》(*Écrits: A slection*)，但该版本仅涵盖了拉康法文原著三分之一的内容；其二为布鲁斯·芬克于2002年出版的全新译本《书写》，该书于2006年再版，是现行最为权威的英译本，它不仅包括了法文版全集，而且在术语的译介上也更为可信。

关于拉康的27期研讨班，目前为止整理出版的英译本包括：《第一期：弗洛伊德论技术的文章》（1953—1954）、《第二期：弗洛伊德学说与精神分析技术中的自我》（1954—1956）、《第三期：精神病》（1955—1956）、《第七期：精神分析的伦理》（1959—1960）、《第八期：移情》（1960—1961）、《第十期：焦虑》（1962—1963）、《第十一期：精神分析的四个基本概念》（1964）、《第十七期：精神分析的另一面》（1969—1970）、《第二十期：更进一步》（1972—1973）及《第二十三期：乔伊斯和症象》（1975—1976），其余未出版内容虽还在整理中，但已有众多研究拉康的学者对其进行了翻译，大部分可见于爱尔兰（www.lacaninireland.com）。

然后便是对于拉康理论解释的著作及论文，这种研究数量极为庞大。最常见的为关于拉康的导论性著作，包括布鲁斯·芬克于1995年著的《拉康式主体：在语言与享乐之间》（*The Lacanian Subject: Between Language and Jouissance*），该书分为四个部分解释了拉康对于结构、主体、对象与精神分析言说的理解；还有大卫·埃文斯著于1966年的《拉康精神分析词汇》（*An Introductory Dictionary of Lacanian Psychoanalysis*），这本书不止是一部单纯的辞典，更是提供了拉康主要概念的背景与语境，且追溯了这些概念的流变等；鲁迪奈斯库的《雅克·拉康》则系统性地绘制了拉康年鉴，梳理了拉康的生平及其理论发展过程。其余还有对拉康研讨班进行阐释的《阅读第十一期：拉康精神分析的四个基本概念》《阅读第二十期》等，均是对拉康理论的阐释。

最后关于拉康与文化理论的著作也是层出不穷，比如格罗兹于1990年出版的《雅克·拉康：一部女性主义导读》（*Jacques Lacan: A Feminist Introduction*），提供了对于拉康性别差异理论的标准导读；帕金-古尼拉斯于2001年出版的《精神分析与文学：互文性阅读》(*Psychoanalysis and Literature：Intertextual Readings*)，借由弥尔顿、伍尔夫等不同作家探讨镜像阶段、符号界等概念，是一部关于如何进行精神分析式阅读的导论；齐泽克于2002年出版的《真实眼泪的恐怖：介于理论与后理论之间的基斯洛夫斯基》(*The Fright of Real Tears：Krzysztof Kiéslowski Between Theory and Post-Theory*)，批评了拉康派电影研究的误区，并以波兰导演基斯洛夫斯基为例，提供了一份拉康式解读，这些都是将拉康与文化理论联系起来的范例。另外还有将拉康放置在哲学或语言学背景中的解读，如米歇尔·阿瑞威的《语言学和精神分析：弗洛伊德、索绪尔、叶尔姆斯列夫、拉康和其他人》，就是将拉康放在了语言学的背景下进行了研究，罗素·格里格的《拉康，语言和哲学》则以哲学为背景，论述了拉康同笛卡尔、康德及其后继者齐泽克、巴迪欧等人的思想脉络。关于拉康的论文更是不胜枚举，包括剑桥2003年出版的《剑桥指南：拉康》(*The Cambridge to Lacan*)，其中收录了众多学者的拉康研究论文；劳特里奇出版社2013年发行的《拉康》系列四卷本，收集了大量关于拉康的语言、精神分析、文学批评的论文。除此之外，收录于期刊内的论文每年有几十甚至上百篇，拉康的相关研究网站上也有大量的优秀论文。

就国外针对拉康思想研究的庞大群体而言，不难看出这种研究现状有以下特点。第一，临床偏重拉康精神分析理论较多。这点可从众多拉康研究者的身份中看出来，他们中大部分人都是具有执照的精神分析师，侧重拉康精神分析在临床实践上的应用。第二，对拉康解读差异较大，对错皆有，易造成混乱。目前国际上对拉康理论的解读有200余种，但是其中有一些是明显有误的。比如法国女权主义者露西·依利加雷将拉康当作"反女性主义者"，显然是误读了拉康的思想。第三，由于拉康理论涉及了包括德国古典哲学、数学、语言学、现象学等众多学科背景，因此在对拉康理论的解释工作中很难做到面面俱到，很多学者只能出于各自研究需要而选择自己擅长的领域，这就难免导致了理解的片面性。尤其在对作为拉康精神分析理论工具的结构语言学进行阐释时，很多国外学者仅就拉康基本的语言概念，如转喻、隐喻、能指链做简要描述，缺乏一个系统的拉康语言观梳理。这种复杂的研究状况均为国内学者接触拉康增加了许多困难。

(二) 国内研究现状

目前，国内针对拉康思想研究的书籍资料较少，而对其本人著作的翻译成果也是屈指可数。当前，国内对拉康的翻译工作，只有褚孝泉于2001年出版的《拉康选集》，但是相比法文原版，它缺少了部分重要章节，比如《康德同萨德》《科学与真理》等。而对拉康研讨班的翻译，由于版权原因，至今尚未有出版的研究成果，仅有一些拉康研究者从事着网络上的转译工作。

相比于国外浓厚的拉康研究氛围来说，国内对拉康思想的研究还停留在较为初级的阶段，直到进入21世纪以后，这种研究工作无论在数量还是质量上才都有了极大的进展。首先体现在对外文书籍的翻译出版上，如1999年翻译的英国学者玛尔考姆·波微的《拉康》，以传记的方式对拉康德学术思想进行了分析；2001年译介的法国萨福安的《结构精神分析学：拉康思想概述》，从潜意识和阉割两个精神分析学术语入手进行了解释；2002年引入的日本福原泰平的《拉康：镜像阶段》，侧重对拉康镜像期的解释；2008年德国帕格尔的《拉康：大哲学家的生活与思想》是以拉康思想与精神分析及法国结构主义的传承关系为轴线进行阐释的。其他翻译引进的著作还包括斯洛文尼亚斯拉沃热·齐泽克的《斜目而视：透过通俗文化看拉康》(2011)、法国沙鸥的《欲望伦理：拉康思想引论》（2013）、英国达瑞安·里德与朱迪·格罗夫斯的《介绍丛书：拉康》（2014）、英国肖恩·霍默的《导读拉康》（2014）等，都是从不同角度对拉康思想进行了解读。

其次，国内对拉康研究的著作也在不断增加。包括张君厚的《拉康》（2000），提供了一本简便的拉康理论入门；黄作的《不思之说：拉康主体理论研究》（2005），从时间路线与拓扑学路线汇集到主体的真相；马元龙的《雅克·拉康：语言维度中的精神分析》（2006），具体解释了拉康如何将语言学引入精神分析，并且如何重构了这门学科。黄汉平的《拉康与后现代文化批评》（2006），运用了比较诗学、跨学科研究的方法来探讨拉康思想；张一兵的《不可能的存在之真：拉康哲学映象》（2006），从哲学文本学角度分析拉康思想，深入解析了拉康哲学思想背景，尤其突出拉康对精神分析的继承与修改；其中最为全面的是吴琼的《雅克·拉康：阅读你的症状》（2011），这本书不仅详细介绍了拉康生平，还涵盖了拉康理论多个概念，是目前为止内容最为丰富的著作。

最后，关于拉康研究的论文也在不断增加，但大部分都是偏重用拉康理论去进行文本或影视分析的，而侧重对拉康自身理论研究的论文相对较少。其中，博士论文包括四川大学刘玲的《拉康理论视野中后现代社会的欲望研究》（2006），以拉康的欲望理论为工具，与文本个案相联系，从拉康的理论角度分析了后现代社会的欲望问题；吉林大学霍红的《拉康的语言观研究——语言维度中的主体建构及其"在世"的现身姿态》（2014），从拉康的语言观入手，展示了主体与存在的关系，对拉康的语言观做了综合的梳理；首都师范大学赵伟的《齐泽克对拉康欲望理论阐释的理论转向与意义》（2013），主要梳理了齐泽克对拉康欲望理论的阐释，并且说明了齐泽克怎样发现拉康欲望理论的局限,而后又做了怎样的修改等。其余对拉康理论阐释的论文偏重对拉康某个具体理论的解释,如颜岩《拉康"他者"理论及其现代启示》(2007)、马元龙《拉康论凝视》(2012)等。还有一些将拉康理论运用到文本、影视分析的论文,包括何昌邑《欲望表征的缺失——对〈老人与海〉的一种拉康式解读》(2006)、马翔《〈道雷·格林的画像〉:一种拉康式的解读》(2014)等。

因此,国内的研究形势更为严峻。首先是由于相关中文阅读资料较少,仅《拉康选集》一本原著被翻译引进,而拉康的研讨班资料尚未在国内翻译出版,这对接触拉康思想造成了很大不便。其次,目前为止出版的著作中,仍缺乏一种系统的拉康解读,即以某个关键术语为线索,勾勒拉康思想面貌,并提出一种新的阐释方式,前文提到吴琼的《雅克·拉康:阅读你的症状》,尽管内容丰富,但结构散乱不够系统,张一兵的《不可能的存在之真:拉康哲学映象》,尽管主要是从哲学角度对拉康进行阐释,却明显浅化了拉康的深邃思想。最后,对拉康语言观的解读,目前仅霍红的《拉康的语言观研究——语言维度中的主体建构及其"在世"的现身姿态》一篇博士论文,而此论文也主要是以语言学为工具,以深入拉康的主体观为目的,缺乏对拉康结构语言学来龙去脉的历史梳理。

三、研究思路及创新之处

(一)研究思路

全书共包括绪论、正文、结论三个部分,正文章节内容如下:

正文部分的第一章,主讲拉康的能指链。描写拉康怎样借鉴了索绪尔的符号概念,又经由雅各布森与列维-斯特劳斯的转介,改写了索绪尔的符号算式，将能指提升到了优先于所指的位置，并最终形成了能指链。在拉康破坏了索绪尔的意义生产方式之后，他又借鉴了雅各布森关于隐喻与转喻的观点，将隐喻与转喻两种修辞手法当做能指链运行并产生意义的方式。

第二章，主讲能指与主体的关系。从能指主体形成之前的想象界入手，论述了作为新生儿的主体，如何通过认同的机制，建立起"自我"这一虚构的概念，并进一步分析了自我同主体的关系。由于主体进入符号界的唯一途径是俄狄浦斯戏剧，因此，只有放弃对母亲的欲望，认同父亲，才能进入符号界同能指发生关联，从而在大他者中得到铭记，获得性别认同。但这样的能指主体是不充分的。拉康在后期划分了能指主体与原乐主体，便是要突出主体无法被能指化的一面，这种划分是在早期借鉴语言学将主体划分为陈述主体与阐述主体的基础上进行的，这两种划分均是拉康主体两面性的体现，这两方面也是互相补充的。

第三章，从能指的角度对精神分析中的一些症状做出解释，主要涉及能指与身体的关系。首先从宏观角度上阐述拉康身体概念的多重内涵，以及拉康如何用能指来阐释症状，并最终结合欲望图示来引导案主穿越幻见。在此基础上，对症状的三种临床结构（神经症、精神病、性倒错）做了进一步阐释，以梳理能指同不同症状的关系。但是，在对精神病的分析中，有一个特殊的状况，便是乔伊斯，他符合精神病的结构，却未患病。拉康在对乔伊斯的阅读中，重构了症状的概念，将之改写为症象，并提出乔伊斯由于将文学当作对父之名能指缺席的填补而免于患精神病。

第四章，写拉康能指的扩展。受1968年巴黎五月风暴影响，拉康提出了四种话语循环模式（由主奴辩证法衍生而来的主人话语，在知识背后施行权力的大学话语，以否定性形式出现的分析者话语，以及渴望建立新话语秩序与新主人的歇斯底里话语），这使拉康的理论带有了意识形态批判的意味，也使拉康彻底认识到了语言能指的局限性，即它总是或多或少带着成为主人话语的危险性。因此，他转向了数学能指与拓扑能指，因为数学能指仅是一种形式，而拓扑能指自身就是一种结构，他的能指概念得到了进一步扩充。

第五章，纵观拉康能指理论发展路径，拉康的能指理论既借鉴了弗洛伊德、索绪尔对无意识语言的研究，也参照了雅各布森、叶斯伯森等语言学家的研究，在最后走向数学与拓扑能指的途径中，又吸收了弗雷格的算数逻辑，哥德尔不完全性定理等。但拉康的能指理论亦有其局限，德里达、德勒兹等学者均对其做出过批判，但在笔者看来，拉康理论最大的弊病在于对索绪尔的误解。

（二）研究的创新之处

本次研究的创新之处在于三方面。

其一，抓住了能指概念作为拉康精神分析学的内在脉络。将能指概念作为线索，串联起了拉康的主要理论观点，提供了一种系统解读拉康的思想方式。由于以往的研究是以拉康的语言观为基点，而这种语言观本身所涵盖的范围就很广，因此以语言观为线索难免会出现混乱。能指作为拉康最重要的概念之一，既属于结构语言学的基本概念，又可拓展到其他学科，以能指为线索，是对拉康理论脉络的纵深化探究。

其二，从全新的角度对国内研究涉足较少的拉康晚期思想做出解释。目前对拉康的研究中，以侧重拉康早期思想的研究为多，而对其晚期提出的症像、拓扑学等阐释较少，原因无外乎是这些概念的复杂性与困难性。本书试图对拉康晚期思想做一描述，将之纳入更广阔的能指视域之中，以能指内涵的变化，揭示拉康理论的发展过程。

其三，本书并不满足于对拉康理论的介绍与概述，而是在此基础上，结合其他相关的语言学理论（主要是能指理论），对拉康做出批判。笔者认识到，对拉康的批判必须借助作为其理论来源的索绪尔符号思想，拉康在改写索绪尔符号算式时，忽略的恰恰是索绪尔理论中最重要的"关系"，能指与所指间首要的联结关系变为了阻隔，这就偏离了索绪尔的符号构想，由于对索绪尔的误读，拉康理论中由能指构成的系统便缺失了索绪尔符号系统的变化性与流动性。

第一章

从能指到能指链

第一节 拉康与索绪尔：能指链的形成①

一、从索绪尔的符号到拉康的能指

雅克·拉康的精神分析学是从结构语言学出发的，通过结构语言学对精神分析的"改造"，拉康的精神分析学既绕开了当时占主导地位的自我心理学，又避免了将弗洛伊德的精神分析学同化到神经心理学上，而是以一种颠覆性的方式"回到"了弗洛伊德。要梳理拉康与索绪尔之间义理关系的关键在于两个概念之间的转化：索绪尔的符号概念和拉康的能指（链）概念。能指链概念是拉康理论的一个关键的学理起点，正因为能指链概念的形成，使得拉康的精神分析学打上了深刻的语言学烙印。被人忽视的是，从索绪尔的符号到拉康的能指链

---

① 此小节内容已作为独立论文发表于《山东社会科学》2017年第8期，其中，导师屠友祥教授在对索绪尔理论的理解方面提出了诸多理论观点，详见文中结语部分。

拉康精神分析学的能指问题　>>>

的形成过程，其间还有着雅各布森和列维-斯特劳斯的中介作用。在语言学内部对索绪尔的批判性继承中，拉康找到了结构主义介入精神分析的方式，为其精神分析奠定了语言学的基础。由此产生的"意义""能指"等概念一直贯穿着拉康的精神分析理论，直至其晚期放弃将结构语言学作为其精神分析的理论支点。本章讨论的范围集中在早期拉康思想。

（一）剥离了痕迹、记号的能指

拉康与索绪尔的区别在他们共同使用的法语词 signe 中就有直接的体现。为方便区别，signe 一词在本章中被分别译为记号和符号（前者参照《拉冈精神分析辞汇》的译法，后者参照索绪尔理论的通行译法）。索绪尔用的符号（signe）概念，有时候指的就是能指，有时候就会指的是能指和所指相结合的构成体。能指即听觉印象，所指即概念，二者之间结合构成了符号整体。所指和能指的结合是任意的，但它们正如一张纸的两面，处于不可分割的状态，索绪尔出于理论的必要将其区分为两个概念。因此，其符号理论构成了共时性的差异系统和关系系统，这就排除了对外在事物的依赖。所以，索绪尔说："当符号学组织起来后，就要研究非任意的系统是否属于它的范围。无论如何，它主要研究的是任意系统。"[1] 拉康使用的记号（signe）概念和索绪尔迥异，然而其目标却是和索绪尔一样的"任意系统"。

为了探究这个"任意系统"，首先应该排除的是自然"痕迹"。就此，拉康和索绪尔并无异致。尽管本维尼斯特曾试图将索绪尔重新拉回到对外在现实的指涉之中，索绪尔建立普通语言学的本义并无关外

---

[1] ［法］茨维坦·托多罗夫：《象征理论》，王国卿译，商务印书馆2004年版，第370页。

在现实，而只是关系心理现实，因为外在事物不属于符号的一般法则。① 正如索绪尔自觉地将外在事物排除出符号的一般法则，拉康也将"痕迹"排除出系统。在第三期研讨班（1955—1956）中，拉康将记号和能指与"痕迹"相比照，显示记号和能指的某种相互说明关系。对此，艾德·布鲁思（Ed Pluth）写道："痕迹是不同于记号与能指的。记号和能指最初也许是痕迹，或拥有一些自足性，一些类似痕迹的方面。但是，它们之所以不是痕迹，是由于它们并不是完全自足的。它们均指涉着自身之外的其他事物，就此来说，它们便背离了从痕迹而来的起源。"②

其次，拉康进一步排除了交流性、指涉性的"记号"概念。在索绪尔那里，符号是能指和所指结合构成的单位，很多时候则与能指是同义语；在拉康这里，记号和能指的关系并不是后者作为构成前者的一个要素，而是完全抛开记号讨论能指。可见索绪尔和拉康心目中均有符号（能指）的独立性的观念。就像索绪尔不讨论事物一样，拉康也不重视记号概念，他认为记号是"对某人呈现某事物"，与能指相反，能指则处在和能指的关系之中，"对另一个表记（能指）呈现一个主体"。③ 艾德·布鲁思在《能指与行动》一书中阐释道："记号这个术语，是拉康用来指陈交流中最为人所知和最明显的一面的。即，对某人呈现某事物。比如在任何交流中，都有一个信息的发送者，信息，以及信息的接收者。记号对某人（接收者）呈现某物（从发送者

---

① 屠友祥：《指称关系和任意关系、差异关系——索绪尔语言符号观排除外在事物原因探究》，《外语教学与研究》2013 年第 3 期。
② Ed Pluth. *Signifiers and Acts: Freedom in Lacan's Theory of the Subject.* Albany: State University of New York, 2007. p. 24.
③ [英] 狄伦·伊凡斯：《拉冈精神分析辞汇》，刘纪蕙、廖朝阳、黄宗慧、龚卓军译，台湾：巨流图书股份有限公司 2009 年版，第 306 页。

发出的信息）。"① 那么，词语可以作为记号，手势、图画、狗吠也可以作为传递信息的记号。通过对自主性的自然"痕迹"起源的背离，拉康的记号和能指概念共享了非自足的特征。记号依赖于接受者才具有承载信息的意义，这是为能指所剥离的。

拉康区分出"记号"的指涉性和"能指"的非指涉性，是为了将能指导向能指差异系统："能指是一个不指涉任何物体的记号，甚至不是一种痕迹的形式，尽管痕迹代表着能指的基本功能。能指是记号的不在场，它是指涉另一个记号的记号，它就是这样被结构出来去意指另一个记号的不在场。换句话说，是一对记号中一个反对另一个。"② 能指是对称存在的（菲勒斯能指是个例外），比如能指"日"的在场就意味着"夜"这个能指的不在场，正如雅克·阿兰米勒阐释说："记号的最小限度是一，而能指的最小限度是二。"③ 如果说在前期的讲座中，拉康还试图用记号的不在场来定义能指，那么在后期，这种记号的功能则在能指中被彻底取消了。第九期的研讨班中，拉康直接指出"能指根本不是记号"，同时，他也为能指下了一个简明的定义："能指除了展示差异的存在之外再无其他"。④ 这就从根本上撇清了能指与记号的关系，能指的存在仅仅依靠和其他能指的差异性关系。

在这个剥离"痕迹""记号"的过程中，表面上看，拉康与索绪

---

① Ed Pluth. *Signifiers and Acts: Freedom in Lacan's Theory of the Subject*. Albany: State University of New York, 2007. pp. 24 – 25.

② Jacques Lacan. *The Seminar of Jacques Lacan: Book* Ⅲ, *The Psychoses* 1955—1956. New York and London: W·W·Norton & Company, 1993. p. 167.

③ Ellie Ragland – Sullivan and Mark Bracher ed. *Lacan and the Subject of Language* (*RLE: Lacan*). New York: Routledge, 1991. p. 35.

④ Ed Pluth. *Signifiers and Acts: Freedom in Lacan's Theory of the Subject*. Albany: State University of New York, 2007. p. 25.

尔构成了对符号（signe）的不同理解态度，拉康坚决，索绪尔游移不定。但索绪尔捍卫的"任意系统"和"关系系统"的观念，却完好无损地被拉康继承了。索绪尔有著名的"象棋之喻"的说法："在一副国际象棋中，如果脱离棋局的观察角度，探问王后、卒、象或马是什么样，那是荒唐的。""要素和棋子的价值取决于与其他要素和棋子的相关、相对。"① 在任意系统和关系系统的理解上，拉康和索绪尔殊途同归。而且，索绪尔所否定的"知识就是对事物的命名法"② 这一指涉外物的倾向，正好是拉康将指涉性"记号"概念剥离出去的依据所在。因此，如果考虑各自概念区别底下的精神旨归，这里的拉康仍然是一个"索绪尔主义者"。拉康与索绪尔的能指区别，还有待深入分析。

（二）剥离了所指的能指系统

索绪尔批评了对语言进行"术语集"式的理解方式，他在左边画了棵树的图案，右边标上 ARBRE（树）的名称。拉康将其略做修改，在上面写 arbre，下面画树的图案，两者之间以横线隔开。拉康表面的用意和索绪尔完全相同，因为他们批评的都是试图在能指和外在事物之间建立关系的通常理解。所不同的是，索绪尔转向心理性的能指（听觉印象）和所指（概念）的结合来替代这个错误的图示，而拉康转向抛弃横线下方的意义来构建在横线上方独立运作的能指系统，他隐蔽地将索绪尔的所指也放入树的图案的位置，然后将所指和外在事物一起给舍弃了。在拉康看来，语言并不是索绪尔的符号系统，而是

---

① 屠友祥：《象棋之喻：语言符号的差异性与非历史性——索绪尔手稿研究之一》，《文艺理论研究》2011 年第 6 期。
② 屠友祥：《指称关系和任意关系、差异关系——索绪尔语言符号观排除外在事物原因探究》，《外语教学与研究》2013 年第 3 期。

剥离了所指的能指系统。

索绪尔主张的符号任意性和关系性（差异性），其中能指和能指之间处于差异关系之中，所指（意义）和所指（意义）处于差异关系中，身处差异关系的能指群和同样身处差异关系的所指群（意义群）两者之间具有任意性关系。实际上，在索绪尔这里，能指群已经具备相对独立的地位。而就此来说，拉康可以算作是"激进的索绪尔主义者"[1]，他瓦解了索绪尔由能指群和所指群结合产生的整体单元，将所指的角色完全排除了出去。在拉康的理论之中，"一个能指和另一个能指的差异，是优先于任何能指与意义或能指与所指之间的可能性关系的"[2]。那么，在语言中便只剩下能指了，而差异性也仅存在于诸能指之间。

在1955—1956年第三期研讨班中，拉康指出："能指一开始就是和意义分离的，能指的特性在于其自身并不拥有一个具体的意义。"[3] 既然能指自身并不拥有"一个具体的意义"，这就意味着能指所指涉的恰恰是无固定意义然而牢不可破的结构体系。但这并不意味着能指存在的根基是虚妄的。相反，"正是由于能指意指空无，它才能产生多种意义"[4]。同时，"每一个真实的表记（能指），就其本身而言，乃是一个无所表的表记（能指）。一个表记（能指）越无所表，它的

---

[1] Ed Pluth. *Signifiers and Acts: Freedom in Lacan's Theory of the Subject.* Albany: State University of New York, 2007. p. 29.

[2] Ed Pluth. *Signifiers and Acts: Freedom in Lacan's Theory of the Subject.* Albany: State University of New York, 2007. p. 28.

[3] Jacques Lacan. *The Seminar of Jacques Lacan: Book Ⅲ, The Psychoses* 1955—1956. New York and London: W·W·Norton & Company, 1993. p. 199.

[4] Jacques Lacan. *The Seminar of Jacques Lacan: Book Ⅲ, The Psychoses* 1955—1956. New York and London: W·W·Norton & Company, 1993. p. 190.

存在越牢不可破"。① 50 年代中期，是索绪尔的手稿发掘和整理比较集中的时期，拉康对此应该有所关注。索绪尔作于 1897 年左右的《杂记》（*Notes Item*）曾经讨论到"符号"（signe）和"整体之符号"（sème）的区别。"符号"可以泛指一切，包括非约定性、非系统性之物，整体之符号则具有约定性和系统性。整体之符号（sème）＝符号的外壳（aposèmes）＋纯粹的概念（l'idée pure）②。我们看到索绪尔所说的"符号的外壳"相当于拉康的"能指"。索绪尔必定意识到所谓"符号"是能指和所指（意义）的完整体，但很多时候"符号"专指排除了意义的"能指"，所以他觉得有必要用"符号的外壳"这一术语来加以区分。索绪尔正是体味到了"符号的外壳"（能指）的空无性，从而确认这一术语的优胜之处。他说："符号之外壳（aposème）这一名称的优胜之处，在于想把它当什么就能当什么，此物从一个符号剥离和抽离出来，或者此物是剥除了符号的意义所剩下的，或者直接就是消除了意义的，从清楚、明白这一点来说，都是一回事。"③ "想把它当什么就能当什么，"这句话简洁地展示了符号之外壳（能指）的空无性的特征，正因为它是空无的，才能做到想把它当什么就能当什么。符号之外壳从符号剥离或抽离，剥除或消除符号的意义，这说明 1897 年前后索绪尔关注符号之外壳和符号之意义的两分，这也正是拉康关注的焦点，并与无意识概念相关联，或者说与意义蕴含的"无意识"问题相关联，使得能指与无意识融为一体。狄

---

① ［英］狄伦·伊凡斯：《拉冈精神分析辞汇》，刘纪蕙、廖朝阳、黄宗慧、龚卓军译，台湾：巨流图书股份有限公司 2009 年版，第 313 页。
② Saussure, F. De. *Écrits de linguistique générale*. Texte établi et édité par Simon Bouquet et Rudolf Engler. Paris: Gallimard. 2002. pp. 104–105.
③ Saussure, F. De. *Écrits de linguistique générale*. Texte établi et édité par Simon Bouquet et Rudolf Engler. Paris: Gallimard. 2002. p. 105.

伦·伊凡斯说道:"正是这些无意义又牢不可破的表记(能指)决定了主体,表记的效果作用在主体上,就形成了无意识,因此也构成了整个精神分析的领域。"① 通过从符号系统向能指系统的转化,拉康排除了所指和意义,并将意义效果赋予了能指。

二、经雅各布森、列维-斯特劳斯转介形成的能指的优先性

(一)将历时因素重新纳入语言学

雅各布森站在喀山学派博杜恩共时与历时合取的观点立场上,创造性地批判并继承了索绪尔的语言学理论。他的批判性继承工作为拉康提供了一个借以直接引入精神分析的途径。雅各布森认为:"索绪尔假想,听到言说链会使我们直接感知一个声音是否发生变化。但是随后的调查显示,并非是听觉现象自身使得我们将言说链划分为独立的元素,而是这种现象的语言价值方能使我们做到如此。"② 雅各布森对索绪尔的突破集中在对"能指线性"的批判上,因为心理性的听觉印象并不能单独处理意义划分的问题,而是需要将被索绪尔排除的历时因素重新考虑进来。在雅各布森通过对音位,特别是音位组成部分的区分性性质的分析中,他否认了索绪尔的"能指的线性特征"的观点,并认为:"事实上,能指在两条轴线上运作,它们的组成部分形

---

① [英]狄伦·伊凡斯:《拉冈精神分析辞汇》,刘纪蕙、廖朝阳、黄宗慧、龚卓军译,台湾:巨流图书股份有限公司2009年版,第313页。
② Roman Jakobson (translated from the French by John Mepham). *Six Lectures on Sound and Meaning*. Cambridge, Massachusetts, and London, England: The MIT Press, 1978. pp. 10–11

成了一条链，这条链既在历时性轴线上运作，又在共时性轴线上作用。"①

索绪尔的共时研究排除了历时性因素，特指静态共存的抽象语言状态。雅各布森认为，就算是在共时态当中，历时的因素也无法被排除出去，他说："索绪尔的伟大功绩在于强调把语言系统作为一个整体，并且结合系统与其构成成分的关系进行研究。但是另一方面，他的理论需要很大的修改。他把系统完全归入共时领域，把变化归入历时领域，试图割断语言系统与自身变化的联系。事实上，就像社会科学的不同学科所表明的那样，系统的概念和变化的概念，不仅可以相容共存，而且不可分割地联系在一起。把变化和历时同等看待，这与我们的所有语言体验严重矛盾。"② 这意味着雅各布森重新把历时因素引入到语言学之中。

雅各布森的语言学研究影响了拉康对索绪尔的批判性理解，它使拉康意识到："索绪尔认为是线行性构成了能指连环（能指链），因为它恰合于一个声音的说话以及我们书写的横行。如果事实上这个线行性是必要的，那么它也不是足够的。"③ 除了历时性轴线上的运作外，还需要共时性轴线上的作用，这就突破了索绪尔定义的"能指线性特征"的规定。举例来说，"彼得打保罗"这句话，只是因为从彼得到保罗的理解顺序恰好符合了能指链运动的顺序，似乎符合了能指线性的规定。但同样的意思，"保罗被彼得打了"这个句子则需要在句子

---

① Roman Jakobson (translated from the French by John Mepham). *Six Lectures on Sound and Meaning*. Cambridge, Massachusetts, and London, England: The MIT Press, 1978. p. 102.
② [美] 雅柯布森：《雅柯布森文集》，钱军编译，湖南教育出版社，2000年版，第122页。
③ [法] 拉康：《拉康选集》，褚孝泉译，上海三联书店2001年版，第433-434页。

完成之后"保罗"才能获得"被打"的意义，这意味着能指不仅具有横向的线性，还有纵向的待选的可能性。用拉康的话来说："事实上，没有一个能指连环不是维持着从某一点上可以说是垂直的由观察到的上下文而联结起来的一切，好像是悬挂在它的每一个单位的节点上的。"①

回到拉康所举的"树"的单词，"树"的意义效果只是悬挂在 arbre 无数联想意义的节点上面，"作为那些节点中的一项"②。如果按照能指线性的理解，arbre 因为区别于 barre 的构词方式就可以约定俗成地视为"树"吗？并不是。特别是在诗歌中，一个能指在寻找其意义的时候，它在能指链中所处的空间位置的功能赋予了它更多的东西。拉康说："只要听一听诗歌（F. 德·索绪尔可能就这么做了），就可以在那里听到多声调，而整个话语显得是排列在总谱的好几个谱线上的。"③ 托多洛夫曾经遗憾索绪尔始终拒绝象征现象，因而"在研究换音造字法时，他只注意到重复现象，而没有注意到暗示现象"④，托多洛夫的说法虽然不确切，索绪尔直接关注象征和暗示问题⑤，但索绪尔的确将共时系统置于特别重要的地位，由此形成其理论的特点，这是索绪尔思想固有的特征，也是雅各布森、拉康等理论家有异于索绪尔语言学理论的地方。正是雅各布森这种认为能指既可横向延伸，又可纵向拓展的观点，直接启发了拉康提出横纵交错的能指链的观点："能指连环，项链上的一环，而这项链又是合拢在由环组成的另一条

---

① ［法］拉康：《拉康选集》，褚孝泉译，上海三联书店 2001 年版，第 434 页。
② 同上。
③ 同上。
④ ［法］茨维坦·托多罗夫：《象征理论》，王国卿译，商务印书馆 2004 年版，第 370 页。
⑤ 屠友祥：《索绪尔手稿初检》，上海人民出版社，2011 年版，第 46–47 页，第 166–167 页。

项链的一个环上的。"① 不过，无论是雅各布森还是拉康，他们的理论归根结底都得益于索绪尔。1958年，索绪尔之子哈伊蒙·德·索绪尔和雅克·德·索绪尔向日内瓦大学图书馆捐献了一批手稿，其中就有索绪尔研究吠陀诗歌韵律（26个本子，法文手稿编号Ms. fr. 3960 – 3961）、萨图尔努斯诗（20个本子，法文手稿编号Ms. fr. 3962）、易音铸词（或字下之字）（99个本子，法文手稿编号3963 – 3969）②的内容。雅各布森是最早接触这批手稿的人之一，但是他迟至1971年才整理发表了一封索绪尔致梅耶论易音铸词的信函③。同样，法国学术界也早就在谈论这些手稿，对其内容有所了解，所以拉康1958年发表的《无意识中文字的动因或自弗洛伊德以来的理性》会说"只要听一听诗歌（F. 德·索绪尔可能就这么做了）"，拉康1966年出版《选集》时在这句话之下增加了一条注释："1964年让·斯达罗宾斯基（Jean Starobinski）在《法兰西信使》上发表了索绪尔遗留下来的有关字词以及这些词在从古拉丁农神体诗到西塞罗文中的次语法用途的笔记，这使我们现在确知他是这样做的。"④ 这证实了他以前的耳闻。索绪尔的易音铸词研究就是这种把前后相继的听觉印象转换成同时并存的视觉印象，实际上就是把声音转换成了文字，一个向度的在空间上的连贯（单一向度的空间是"时间上的空间"）转变成多个向度的并现，时间上连贯有序的渐进转变成空间上的直接掌握。⑤ 这种听觉印象内

---

① ［法］拉康：《拉康选集》，褚孝泉译，上海三联书店2001年版，第432页。
② Godel. R. *Inventaire des manuscrits de Ferdinand de Saussure remis à la Bibliothèque publique et universitaire de Genève*. in：Cahiers Ferdinand de Saussure，17（1960）. pp. 5 – 11.
③ Roman Jakobson. *La première lettre de Ferdinand de Saussure à Antoine Meillet sur les anagrammes*. in：L'Homme. 1971：11/2：pp. 15 – 24.
④ ［法］拉康：《拉康选集》，褚孝泉译，上海三联书店2001年版，第434页。
⑤ 屠友祥：《索绪尔手稿初检》，上海人民出版社，2011年版，第38 – 39页，第46 – 47页。

线性次序与空间形态的互化，拉康称之为"多声调，而整个话语……是排列在总谱的好几个谱线上。……能指连环……是垂直的由观察到的上下文而联结起来"。① 雅各布森的投射观念也与索绪尔的易音铸词研究相关，纵聚合的潜在的联想关系侵入横组合的显的序列关系内，横组合关系内的一切单位都是一个纵向的相似（或相对）的相互关联的价值系统，可供重新组合。② 可见思想家之间的相互影响呈现出各有取舍的复杂状况，但雅各布森的投射和拉康的能指链这些特别注重纵向作用的关键观念，从根本上来说显然来自于索绪尔所认为的听觉印象在心理上、在无意识中具有的超越时间的特性。

（二）列维－斯特劳斯的"漂浮的能指"

把能指直接地提到优先地位的，是拉康的好友列维－斯特劳斯。从1949年拉康与列维－斯特劳斯相识之后，两人便开始了紧密的学术交往。列维－斯特劳斯开门见山地阐明了能指的优先性："符号远比它们所象征的一切更为真实，能指优于所指，并决定着所指。"③ 他还在《马赛尔·莫斯理论入门》一书中指出能指问题之于人的决定性："人类从一开始就有一种将能指总体化的倾向，即他不知要如何划定所指。"④ 这样，在索绪尔意义上的那种能指与所指间的一体而均衡关系便被打乱了，能指从与所指的一体而平衡状态中脱颖而出，逐步占据了二者关系中的主导地位。"于是在能指与所指间总会出现一种非

---

① ［法］拉康：《拉康选集》，褚孝泉译，上海三联书店2001年版，第434页。
② Roman Jakobson. *Selected Writings*. Vol. Ⅷ: *Major works* 1976—1980. Berlin, New York: Mouton de Gruyter. 1988. p. 382.
③ Claude Lévi－Strauss（translated by Felicity Baker）. *Introduction to the Work of Marcel Mauss*. London: Routledge & Kegan Paul, 1987. p. 37.
④ Claude Lévi－Strauss（translated by Felicity Baker）. *Introduction to the Work of Marcel Mauss*. London: Routledge & Kegan Paul, 1987. p. 62.

对等或不适宜的关系，一种不相称和过剩……这就导致了相比于最初同能指相匹配的所指来说，能指的过量。"① 列维-斯特劳斯的这种理论，主要是通过借鉴马赛尔·莫斯对介词（特别是mana）的分析而推导得出的。因为在莫斯看来，诸如mana，hau等介词，只是一个纯粹的形式，或者更精确地说，是一个处于纯粹状态的符号，具有零符号价值。这种类型的介词意指空无，不包含特定的所指，而只是一种"漂浮的能指"。

最为合适的例子，是拉康分析过的小说《被窃的信》。拉康认为波德莱尔将爱伦·坡原题"the purloined letter"译为"被窃的信"，是因为他没有意识到"坡使用了一个罕见词，以便使我们更易于断定它的词源而不是它的用法"。② 从词源上讲，这与其说是一封"被窃的信"，不如按照原题理解为"放在一边"或"待领"的信。拉康指出："就像题目所表示的那样，这个特点是故事的真正主题：因为信可走个迂回，那么信就一定有一条它自身的路径。在这个特性中显示了能指的影响。我们已经懂得了要把能指设想为只能维持在移动之中。"③ 于是我们知道，意义并不存在单个的能指上，意义永远是待领状态的。真正运作着的是能指中主体的无意识，正是移动之中的能指制造了意义的效果。这些移动着的能指与能指，就构成了拉康的"能指链"。他说："意义坚持在能指连环（能指链）中，但连环中的任何成份都不存在于它在某个时刻本身所能表示的意义中。"④ 在此，拉康拒绝的是一封内容被窃的信（也就是索绪尔的所指），而坚持的是在位置的

---

① Claude Lévi-Strauss (translated by Felicity Baker). *Introduction to the Work of Marcel Mauss.* London: Routledge & Kegan Paul, 1987. p. 62.
② ［法］拉康：《拉康选集》，褚孝泉译，上海三联书店2001年版，第21页。
③ 同上。
④ ［法］拉康：《拉康选集》，褚孝泉译，上海三联书店2001年版，第433页。

转变中始终没有表明内容，也没有停止漂浮的纯粹的信，即"放在一边"的、"待领"的信（也就是列维－斯特劳斯的"漂浮的能指"）。

三、$\frac{S}{s}$、能指链和锚定点

（一）拉康对索绪尔符号图示的改写

在索绪尔那里，符号是一个和心理相关的双面实体，如图 1－1 所示。

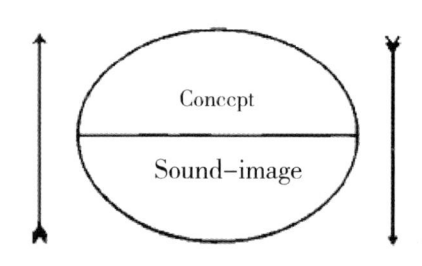

图 1－1　索绪尔的符号概念

索绪尔用大写的 S 来表示所指（Sens）（图示上方的 Concept），用小写的 s 来表示能指（图示下方的 Sound－image）。在这个图示当中，两个箭头代表了表意过程中相互蕴含的关系，能指与所指之间的直线代表了两者的结合。特别需要注意的是，索绪尔将所指置于能指之上，并非是为了突出所指的重要性，相反，索绪尔认为二者同样重要："概念是纸的一面，而声音（形象）则是纸的另一面。正如不可能用剪刀切下纸的一面而保留另一面一样，在语言中，也不可能将声音从概念中孤立，或将概念从声音中分离。"[①]

[①] Ed Pluth. *Signifiers and Acts: Freedom in Lacan's Theory of the Subject.* Albany: State University of New York, 2007. p. 31.

拉康的符号观,却恰恰以一种索绪尔难以想象的方式,将这张纸裁剪开来,并且只将能指这一面保存下来。需要说明的是,这种对所指的清查排除,并非取消了所指,将所指看作是不存在的,而是意在否认索绪尔的这种建立在能指与所指间的约定俗成关系。他认为,并非如索绪尔所说,能指链的下方还有一条所指链,二者之间产生一一对应的关系。相反,"并不存在什么所指链,有的仅是能指链的运作,仅是能指链织构而成的能指之网,所指、意义只不过是能指运作产生的效果"。① 正如艾德·布鲁思所比喻的那样,拉康对能指功能的看法"并非如索绪尔那样将其看作是一张纸的一面,而是将其看作只有一个平面的莫比乌斯带"②。莫比乌斯带不分内面和外面,运行着的只有一个面,能指的运作就这样替代了能指与所指的结合而产生了意义效果。

由此,索绪尔的图示在拉康理论中被彻底颠覆。他以大写的 S 来表示能指,以突出能指的优先性,以小写的 s 表示所指,于是便有了 $\frac{S}{s}$ 这一算式。通过图示的比较,我们可以得出拉康与索绪尔算式的四个区别:"第一,能指与所指位置的不同。第二,索绪尔强调二者的平行性,如纸的正反面,拉康强调二者的不可兼容性。第三,取消了椭圆与箭头。第四,横线意义的不同。"③ 索绪尔所画的圆圈与箭头都被取消了,意在否定能指与所指间的约定俗成关系。而位于能指与所指间的横线,不再代表二者的结合,却是代表在意指过程中所存在的

---

① Ed Pluth. *Signifiers and Acts: Freedom in Lacan's Theory of the Subject*. Albany: State University of New York, 2007. p. 31.
② Ed Pluth. *Signifiers and Acts: Freedom in Lacan's Theory of the Subject*. Albany: State University of New York, 2007. p. 31.
③ Ellie Ragland - Sullivan and Mark Bracher ed. *Lacan and the Subject of Language* (*RLE: Lacan*). New York: Routledge, 1991. pp. 53 - 54.

抗拒。于是，能指再也无法冲破横线到达所指，而只能在自身之内不断游移。这样，索绪尔的意义与价值问题在拉康理论中就发生了改变。索绪尔的意义（所指），在拉康的理论中随着所指的排除而被取消了。

另外，拉康不同意索绪尔放弃研究个体言说的立场，也因为在精神分析治疗中，案主言说的功能比其余一切都重要。于是，"在拉康的结构语言学视阈中，能指并不是作为普通语言学系统中的一个要素存在，而是作为案主言说的关键要素存在"。① 这跟两位学者的出发点不同有关：索绪尔需要用符号学的社会集体性来确定其语言学研究的真正对象（即抽象的整体语言），而拉康作为一个精神分析师，结构语言学作为一种方法论最终目的是服务于精神分析。"对于拉康来说，意指作用的划界从开始就是受制于一套口头言说序列的，而非受制于连续的基本单元。"② 至此，索绪尔的基本单元就被拉康裁开了。

（二）能指链与锚定点

拉康吸收了雅各布森关于能指既有共时也有历时维度的观点，又借鉴了列维－斯特劳斯的"漂浮的能指"的论述，吸取了索绪尔研究易音铸词的"多声调"的观点，终于形成了纵横交错并不断游移的能指链的概念。他说："能指并不仅仅是为意义提供一个外壳，一个容器，它还能构建意义，使其具有特殊含义，并使它发生。如果对能指的独特秩序和其属性没有精确的了解，那就不可能了解其他的一切。"③

---

① Ellie Ragland–Sullivan and Mark Bracher ed. *Lacan and the Subject of Language* (*RLE*: *Lacan*). New York: Routledge, 1991. pp. 60–61.
② Joël Dor, Judith Feher Gurewich. *Introduction to the Reading of Lacan: The Unconscious Structured like a Language.* Canada: Other Press, 1998. p. 39.
③ Jacques Lacan. *The Seminar of Jacques Lacan: Book Ⅲ, The Psychoses* 1955—1956. New York and London: W·W·Norton & Company, 1993. p. 260.

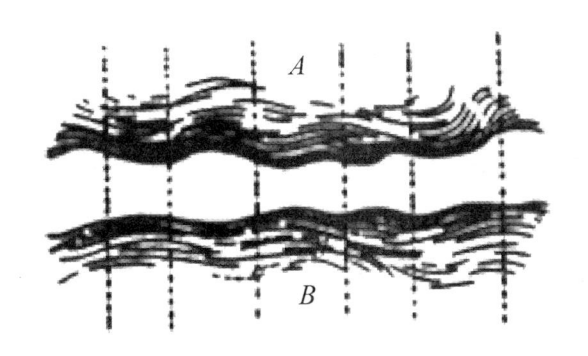

图 1-2 索绪尔的能指之流与所指之流

拉康批判了索绪尔对能指和所指间的双向划界："索绪尔试图在能指之流和所指之流间定义一种对应关系，以此来划分它们。但唯一的事实是，他的方法是不充分的，因为这种方法将语句和整个句子变得困难重重。"①（如图1-2所示）按照拉康对索绪尔的理解，这种方法所产生的结果是，在一个句子中，意义的产生是伴随句子展开的线性时间向度而在各个不同的时间结点上形成的。他在第三期研讨班中，通过对具体话语（《阿达莉》第一幕的例子）的分析得出："句子只有作为完整的才能存在，并且它的意义是被回溯性地赋予的。"② 只有一个句子被完整说出后，我们才能逆着它被展开的时间方向，回溯性地构建整个句子的意义。因此，"所发生的只是能指在言说中展开，它既预期意义，又对意义有回溯作用"。③ 这样拉康就通过"回溯"的概念否定了对应关系的划界方式。

意义如何才能回溯性地建构呢？这就涉及"锚定点"概念。拉康

---

① Jacques Lacan. *The Seminar of Jacques Lacan：Book Ⅲ，The Psychoses* 1955—1956. New York and London：W·W·Norton & Company，1993. p. 262.
② Jacques Lacan. *The Seminar of Jacques Lacan：Book Ⅲ，The Psychoses* 1955—1956. New York and London：W·W·Norton & Company，1993. p. 263.
③ Huguette Glowinski, Zita M. Marks, Sara Murphy. *A Compendium of Lacanian Terms*. London：Free Association Books，2001. p. 145.

的定义是:"锚定点是在大量意义的流动中,能指与所指相连结的结点。"① 它是意义暂时固定的地方。按照拉康的理论,能指是无法冲破阻隔到达所指的,因此便只能导致能指之下所指不断地滑动,而锚定点是"在能指之下潜在的所指流动停止的地方"。② 他进一步说明:"在这个定位点中你们可以找到句子的历时功能,因为句子只有通过它最后一个词才完成它的意义。每个词都为其他词的结构所预设,并且相反地由其追溯作用而规定了它们的意义。"③ 换句话说,在每个句子中,句子中的后面部分就为意义的流动划了一个休止符,一个句子在它没有说完的时候,不同的人会补上不同的词,意义是有待领取的,只有当句子被完整地说出,句子的意义才可以被回溯性地构建起来。雅各布森也曾强调语言中的省略问题:"通过这种技巧,听话人把(在所有的语言层次上)省略掉的东西补充上,我们也没有正确认识到听话人方面的主观性,听话人创造性地填补省略所造成的空缺,消除歧义这一问题的核心就在于此。"④ 拉康把这个语意传达的过程规定为锚定点所产生的意义。如图 1-3 所示。

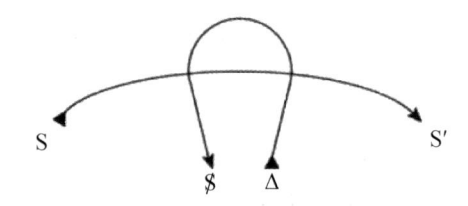

图 1-3　拉康的欲望图解

---

① Jacques Lacan. *The Seminar of Jacques Lacan*:Book Ⅲ, *The Psychoses* 1955—1956. New York and London:W·W·Norton & Company, 1993. p. 268.
② Bruce Fink. *Lacan to the Letter*:*Reading Écrits Closely*. Minneapolis:University of Minnesota Press, 2004. p. 89.
③ [法] 拉康:《拉康选集》,褚孝泉译,上海三联书店 2001 年版,第 615 页。
④ [美] 雅柯布森:《雅柯布森文集》,钱军编译,湖南教育出版社,2000 年版,第 129 页。

其中$\vec{\Delta S}$矢量表示锚定点,将能指链 SS′锚住于两个点上。于是,意指的划界不再是依靠索绪尔那种对能指之流与所指之流的切分,而是要逆着时间向度对意义进行重构(拉康的这个图示实则是其欲望图解的核心部分,在此也涉及被划斜线的主体及欲望等问题。在此仅取其意义生成的维度)。按照罗素·格里格的看法,最典型的锚定点便是父性隐喻。这是因为拉康的隐喻是指一个能指替换另一个能指的过程,于是新的能指身上负担了一个所指(旧能指的效果),即在隐喻的运作过程中能指暂时穿透了隔离线到达所指,与所指相结合产生锚定点生成了意义。拉康通过对精神病的研究,发现在精神病中,这种能指与所指结合形成的锚定点是缺席的,它所导致的父之名能指的缺席,为精神病埋下了祸根。

四、结语

实际上,在拉康用$\frac{S}{s}$的图示向索绪尔致敬的时候,他就将符号的所指与能指相互隔离了。"能指和所指的基本位置,它们是两个在一开始就由一个抵拒着指陈的界限分开的不同的领域。"[1] 拉康说:"有一点是肯定的,如果说带横线的$\frac{S}{s}$的算式是恰当的,从一边到另一边的跨越不论在什么情况下都不带有什么意义。因为算式本身只是能指的函数式,所以只能表现在这个转移中的能指的结构。"[2] 由此,意义的产生不再依靠能指与所指的结合,而只是由众多能指通过相互联结

---

[1] [法]拉康:《拉康选集》,褚孝泉译,上海三联书店2001年版,第428页。
[2] [法]拉康:《拉康选集》,褚孝泉译,上海三联书店2001年版,第431页。

形成的能指链不断游移产生的,并且这些能指链永远无法冲破横线,同时"没有一个能指是可以孤立的,"① 因为将能指作为能指链中的某个基本单元要素是不可行的,只有当它处于能指链这个整体并同其他能指产生关系时,意义才能依靠这种能指间的相互关系生成。

不过,拉康对索绪尔的改写使他遭受了多方面的批评。比如语言学家乔治·穆南指责拉康不仅误解了索绪尔的符号概念,而且不恰当地将能指提升到了优先地位;法国学者（Michel Arrivé）指出:"拉康将索绪尔对能指线性的观点错误地理解为历时性"。② 这种对索绪尔的误解,可以说是从雅各布森开始的。索绪尔能指的线性特征原则,是从对音位的分析中抽象得出的,他一方面关注听觉性在时间维度上的线性呈现,另一方面又将其抽象化:"索绪尔另一方面又从抽象的观点考虑音位,只关注自身最简约而同质的切分,将其单独取出,不管线性链接之内或时间当中的其他要素"。③ 因此,时间维度上的线性只是索绪尔分析的起点,其结果是"引向了一条超越时间的听觉印象的途径,超越这些因素在时间中所具有的次序"。④ 由此,"鱼贯而连的线状的符号要素在听觉印象里转换成空间形态"。⑤ 雅各布森没有看到索绪尔能指线性的最终导向,而是将其简化为了时间维度上的线性展开,而这种"误读"却被拉康所继承,他也在此意义上批判索绪尔。最终,正如学者让－米歇尔·拉巴特（Jean－Michel Rabaté）所指出:

---

① ［法］拉康:《拉康选集》,褚孝泉译,上海三联书店2001年版,第262页。
② Michel Arrivé (translated by Michel Levine). *Return to Freud: Jacques Lacan's Dislocation of Psychoanalysis.* Amsterdam: John Benjamins Publishing Company, 1992. p. 127.
③ 屠友祥:《索绪尔手稿初检》,上海人民出版社,2011年版,第38页。
④ 屠友祥:《索绪尔手稿初检》,上海人民出版社,2011年版,第39页。
⑤ 屠友祥:《索绪尔手稿初检》,上海人民出版社,2011年版,第237页。

"总而言之，拉康是由于完全没有理解索绪尔的理论而备受指责。"①这种完全没有理解，根源也在于文献材料的局限。1996年发现的橘园手稿，我们看到索绪尔的符号模式其实不是惯常以为"所指/能指"（或者说"意义/形式"），而是如图1-4所示：

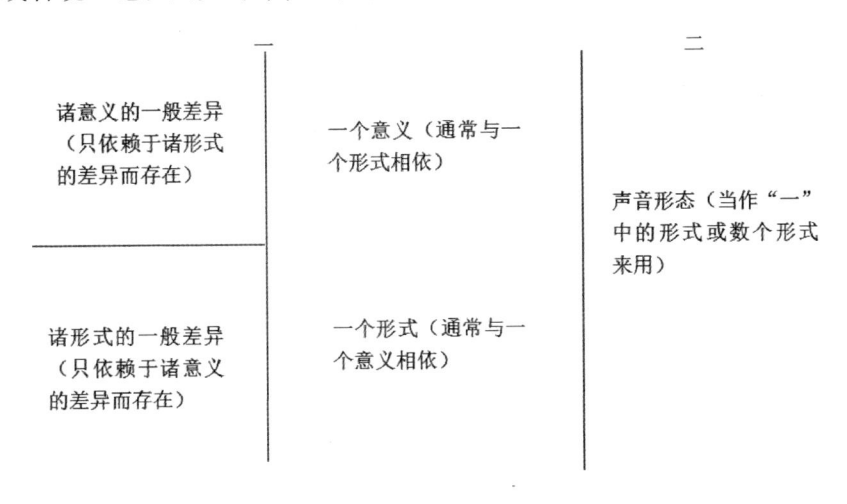

图1-4 索绪尔的符号模式

我们看到，这里所指和能指、意义和形式是相依的，不可分离的。值得注意的，乃是索绪尔强调意义与意义（意义链，或者说意义群，所指群）之间的一般差异，形式与形式（能指链，或者说能指群）之间的一般差异，所指链的差异依赖能指链的差异而存在，同样，能指链的差异也依赖所指链的差异而存在。可以看出能指链的观念某种程度上在索绪尔那里已经成形，只是与拉康还是有所区别而已。索绪尔强调的是能指链与所指链的一体性，两者之间的不可分离性。同时，索绪尔关注的是"差异"，拉康关注的是"锚定点"，功能是一样的，

---

① Jean-Michel Rabaté ed. *The Cambridge Companion to Lacan*. New York: Cambridge University Press, 2003. p. 4.

都是为了寻求意义的确定。其实拉康的锚定点既然是能指和所指相连结的结点，能指链最终仍然要被锚定，那么，所指从根本上讲从来就没有被清除过，否则意义的重构最终没法实现。从上面的索绪尔符号模式，我们还可看到索绪尔在第"二"部分单列了"声音形态"，也就是"能指"（"形式"），这时候它没有与一个意义或数个意义相依，尚不具备差异性，尚未被划分和限定，是一个索绪尔在《杂记》所称的"符号的外壳"，完全具有空无性。只是一旦被划分和限定，具有区别性特征，含有差异性，就是与一个意义相依的一个形式了，或者与数个具差异性的意义相依的数个形式了。可见索绪尔也有排除所指的纯粹能指的观念。构成对置的，不是形式（能指）和意义（所指），而是属于外在现象的发声形象（声音形态）和属于内在意识现象的居间介质（形式—意义，声音—思想）①，后者有言说主体的意识的介入。作为外在现象的发声形象（声音形态）一旦有言说主体的意识的介入，也就转化为内在意识现象，与意义、所指不可分离。

当拉康改写了索绪尔的符号图示的时候，他就把精神分析所必须面对的主体问题纳入进来了。无论所指、意义还是主体，都只能在能指链的游移当中得到回溯的锚定。游移的能指链在显示拉康与他的心目中的索绪尔分道扬镳的同时，也显示出索绪尔为拉康奠基的精神基质。拉康的能指概念，是一个来自语言学的概念。他对能指链等一系列语言学概念的重新阐释，才真正完成了将结构语言学介入到精神分析当中的可能性。或者说，拉康以一种动态的、游移的能指链的方式继承了索绪尔的语言学理论，并真正凸显出了语言背后的无意识问题。拉康将无意识视为一种语言一样的结构之物，对索绪尔的语言学

---

① 屠友祥：《语言单位：居间介质与话语链》，《外语教学与研究》2016年第3期。

思想创造性继承正是其重要的理论动力。拉康为精神分析打出了"回到弗洛伊德"的旗号，以明显的结构主义方式宣告自身的合法性。这种"回到"的结构，恰恰就是拉康能指链游移的结果。拉康在精神分析的谱系中，也找到了自己意义的"锚定点"。同样，我们回过头去看索绪尔，有些重要问题，譬如主体问题，也因为拉康的拓展而得到关注，或者说重新恢复、强化了索绪尔原本就具有的主体观念。言说的主体在索绪尔思想中占有重要的地位，使得他的语言学思想呈现为语言现象学的特征①。1995年，意大利学者Maria Pia Marchese整理出版了索绪尔一部收藏于哈佛大学的语音学手稿，其中就道："存在于语言中的一切都是意识现象。"② 意识现象包括有意识现象和无意识现象。索绪尔现存诸多手稿中大量讨论了言说主体的无意识问题，其抽象的整体语言这一观念就是指潜存在全体人类大脑的内在语言能力，语言就是个体对抽象的整体语言这一无意识力量之复杂系统进行的有意识运用。索绪尔和拉康之间在主体问题、无意识问题诸方面都可看到相互呼应之处，使各自的理论特征得到强化和凸显。

第二节　转喻与隐喻：能指链的运作方式③

拉康的精神分析学深受结构语言学的影响，他对精神分析所做的"语言学式改造"，也是受益于诸多语言学家。如果说拉康对能指的相

---

① 屠友祥：《语言单位：居间介质与话语链》，《外语教学与研究》2016上第3期。
② Saussure. F. De. *Phonétique*：*il manoscritto di Harvard Houghton library bMs Fr* 266（8）. edizione a cura di Maria Pia Marchese. Padova：Unipress. 1995. P. 224.
③ 此小节内容已作为独立论文发表于《东岳论丛》2018年第4期。

拉康精神分析学的能指问题　>>>

关论述是在修改索绪尔符号理论的基础上进行的，那么他关于能指链运作方式（转喻与隐喻）的阐释则直接受惠于雅各布森。这种承继关系体现在拉康于1957年发表的《无意识中文字的动因或自弗洛伊德以来的理性》一文中。在此文中，拉康不仅瓦解了索绪尔意义上能指与所指的统一体，更直接地向雅各布森致敬，借鉴了他的转喻与隐喻理论。

首先，拉康颠覆了索绪尔的符号算式，打破了索绪尔那种将能指与所指比喻为一张纸正反面的平等地位，将能指提升到了优先的位置。拉康的算式具有了强调优先性的功能，他表述为能指在上所指在下的 $\frac{S}{s}$。其次，划分两者的横线意义此时也发生了变化，如果说索绪尔的横线是"一个结合的标示而非分离的标示"[①]，目的在于揭示能指与所指间相互蕴含的不可分割关系，那么拉康的横线则代表了两者的"根本性分裂"。由此，能指无法冲过阻隔到达所指而只能在横线的上方不断运行，在能指链上不停地指向下一个能指，永无止境。如此，索绪尔那种依靠能指与所指结合建构意义的方式，在拉康这里，便由于两者的分裂变得不可能了，意义的产生需要新的阐述。

拉康理论中的意义由能指链的运作而产生，能指链有两种不同的运作方式——转喻与隐喻。不过，这两种运作机制的确立却是从拉康对索绪尔的一个误读开始的，即"拉康将索绪尔对能指线性的观点错误地理解为历时性"[②]（这个误读从雅各布森就开始了）根据拉康的理解，索绪尔提出的能指线性特征，使得在能指之流和所指之流间可

[①] Michel Arrivé (translated by James Leader). *Linguistics and Psychoanalysis*. Amsterdam：John Benjamins Publishing Company, 1992. p. 134.
[②] Michel Arrivé (translated by James Leader). *Linguistics and Psychoanalysis*. Amsterdam：John Benjamins Publishing Company, 1992. p. 127.

以找到一一对应的关系，因此意义便通过这种线性的时间维度形成了。拉康认为，这种做法是不充分的，因为它并不能够解释句子的意义，而对句子意义的理解，要依靠一种逆时的回溯性建构来完成。这显然不是凭借历时性的能指运作可以完成的，这是拉康希望使用隐喻与转喻概念要加以重新表述的地方。这两个经过雅各布森发挥的概念，在拉康这里进一步发展为一种独特的意义生成理论："在话语中被表达的并非是言说的线性特征，而是由转喻与隐喻双重运作形成的能指链的多维度性。"[1]

一、雅各布森的两极图式

雅各布森通过对索绪尔符号原理的批判，将转喻与相邻性、隐喻与相似性联系起来，将索绪尔的横纵轴改写为转喻轴与隐喻轴。他的转喻与隐喻的两极图式拓宽了语言学的范围，走出了普通语言学的理论本身，为拉康的借用提供了条件。

雅各布森借助了索绪尔同时代人、波兰语言学家克鲁舍夫斯基的研究工作，以相似性（similarity）和相邻性（contiguity）来重新描述语言构成机制，并简洁扼要地揭示了隐喻和转喻（又译为换喻）的两极图式，在这个过程中，他提出了对索绪尔的批评。雅各布森认为，索绪尔提出的语言学两条基本原则是存在问题的。对于第一条原则，符号的任意性原则，雅各布森指出："索绪尔把能指与所指之间的关系武断地说成是任意的关系，而实际上这种关系是一种习惯性的、后天学到的相邻性关系。这种相邻性关系对于一个语言社团的所有成员

---

[1] Samuel Weber (translated by Michel Levine). *Return to Freud: Jacques Lacan's dislocation of psychoanalysis.* Cambridge: Cambridge University Press, 1991. p. 60.

具有强制性。"①（按：能指与所指、听觉印象与概念之间的联结关系是任意的，这原则是正确的。索绪尔的听觉印象与概念联想结合的任意而约定俗成的特性，或者说任意性与约定性、强制性，这两者在语言社团中是共存的。但雅各布森把索绪尔的任意性关系转换为他心目中的相邻性关系，这是错误的。听觉印象和概念两者之间没有内在的逻辑关系，完全是任意的关系，但如果把这两者看作相邻性关系，则意味着两者之间具有内在的逻辑关系。况且雅各布森把索绪尔的语言符号的任意而约定俗成的特性窄化为约定性、强制性，也是不恰当的。）对于第二条原则，索绪尔所谓线性原则，雅各布森认为"也必须视为危险的简单化"②，雅各布森提出用具有同时性和相邻性的"组合"（combination）概念来代替"所谓线性原则"的描述。与"组合"相对的，是语言聚合层次上替换的"选择"的概念。在此基础上，他将索绪尔的横组合关系和纵聚合关系与转喻和隐喻关联起来。保罗·利科这样描述雅各布森的杰出贡献："雅各布森在1953年发表了著名的论文《语言的两个方面与失语症的两种类型》，在这篇文章发表后，将隐喻与转喻配合使用与雅各布森的名字始终联系在一起。"③这篇文章收于1956年出版的《语言学基础》第二部分，他吸收了索绪尔关于语言横组合轴与纵聚合轴的区分，又根据临床上对失语症患者的观察，区分了两种不同的失语症类型，即由纵聚合轴上的相似性失调引起的失语症与由横组合轴上的相邻性失调导致的失语症，并最终将此

---

① ［美］雅柯布森：《雅柯布森文集》，钱军编译，湖南教育出版社，2000年版，第78页。
② ［美］雅柯布森：《雅柯布森文集》，钱军编译，湖南教育出版，2000年版，第78页。
③ ［法］保罗·利科：《活的隐喻》，汪堂家译，上海译文出版社，2004年版，第245页。

联系于隐喻与转喻的修辞手法。雅各布森这本著作对拉康影响甚大，其直接反映便是拉康于次年（1957 年）发表的论文《无意识中文字的动因或自弗洛伊德以来的理性》，拉康在这篇论文中结合雅各布森的观点，详细论述了隐喻与转喻的运作机制。因此，我们有必要探讨作为拉康的隐喻与转喻思想来源的雅各布森语言学理论。

雅各布森指出："言语包含了对特定语言实体的选择，以及将它们组合形成具有更高复杂性的语言单元"。① 从这句话，我们可以看出，言语的形成至少包含了两种不同的活动，即选择和组合：选择基于相似性关系，发生在纵向的联想中，它是指"在众多替代物中用一个替代另一个的可能性，"② 组合基于相邻性（即邻近性或连续性）关系，发生在横向的邻近关系里。在此，失语症的两种类型，便是分别对应于上述两种能力的损坏而形成的。第一种失语症类型被雅各布森称作相似性失调或选择缺陷："对于失语症的第一种类型而言（选择缺陷），语境变成了一个不可或缺的决定性因素。当被呈现一些词语或句子的碎片时，病人可以轻而易举地完成它们。他的言语仅仅是回应性的，他可以毫不费力地进行一场对话，但是却在发起一场对话时遇到了困难。"③ 由于这类病人的纵向选择能力的缺陷，他们便只能依靠横向语境来完成言说。这里的语境包括两个方面，一方面与对话者给出的线索有关，另一方面同当时的实际情景有关。对此，雅各布森举例道："比如句子，'下雨了'，除非病人看到当时真的下雨了，否则便不能发出这个句子。"由此可以得出："一个词语越是依靠句中

---

① Roman Jakobson And Morris Halle. *Fundamentals of Language.* Gravenhage：Mouton&Co.'S，1956. p. 59.
② Roman Jakobson And Morris Halle. *Fundamentals of Language.* Gravenhage：Mouton&Co.'S，1956. p. 60.
③ Ibid.

其他词语建立,或越是指涉句法语境,就越少受到这种言语失调的影响"。① 那么,对于这类失语症病人来说,诸如代词、介词这类和语境有极大关系的词语是受到损伤程度最小的,而对于相比代词、介词而言较少涉及语境的名词来说,其损害程度是最大的,其直接表现为病人"既不能对它进行同义转换,也不能对其采用一种婉转曲折的说法,也无法想到它的同形异音异义词"②。第二种失语症类型,是相邻性失调或结合缺陷:"将词语组织成高级单元的句法规则丢失了,这种损失,被称作语法缺失,会将句子减退到仅仅是'词语堆积'。"③ 在这种情况下的词序会混乱不堪。与上一种失语症类型相反,"诸如连词、代词、介词、冠词之类被赋予纯粹语法功能的词语,是首先消失的,然后会导致所谓的'电报式风格'"。④ 保罗·利科将雅各布森的两种失语症概括为"涉及相似性的失语症与涉及邻近性的失语症",并进一步画出了雅各布森由两种失语症出发得出的两极图式,见图1-5:⑤

过程	活动	关系	轴心	领域	语言学因素
隐喻	选择	相似性	替代	语义学	信码(信码意义)
换喻	组合	邻近性	联系	句法学	信息(语境意义)

图1-5 雅各布森的两极图示

---

① Roman Jakobson And Morris Halle. *Fundamentals of Language*. Gravenhage: Mouton&Co.'S, 1956. p. 64.
② Roman Jakobson And Morris Halle. *Fundamentals of Language*. Gravenhage: Mouton&Co.'S, 1956. p. 68.
③ Roman Jakobson And Morris Halle. *Fundamentals of Language*. Gravenhage: Mouton&Co.'S, 1956. p. 71.
④ Roman Jakobson And Morris Halle. *Fundamentals of Language*. Gravenhage: Mouton&Co.'S, 1956. p. 72.
⑤ [法]保罗·利科:《活的隐喻》,汪堂家译,上海译文出版社,2004年版,第243-245页。

还需要补充进这个图式的是雅各布森在《语言的两个方面与失语症的两种类型》文末提及的对弗洛伊德释梦机制的阐释。雅各布森将弗洛伊德所描述的做梦的无意识象征过程解析为相邻性（即邻近性或连续性）和相似性两端。雅各布森指出，弗洛伊德释梦技术中的"移置"是基于相邻性基础的，而"象征"则是基于相似性的。也正是雅各布森的这种看法，为拉康将语言学与精神分析相结合带来了巨大的理论空间。不过，拉康还需要完成的是一种综合的超越，即在继承雅各布森所建立的隐喻与转喻二极性构成机制的基础上，完成语言学与精神分析的深度结合，并纠正其两极图式中所隐含的断裂，走向某种复归于索绪尔意义的整体性综合，这种整体性综合，最终由拉康的结构主义精神分析学而体现出来。

二、转喻与移置

拉康将产生意义而构成的实效场地分为两个侧面，一个是转喻（又译为换喻），一个是隐喻。他先说明转喻"实际上是建立在词与词之间的联结上的"[①]，这里的"词与词"是为了排除索绪尔意义的所指和已经被索绪尔排除的现实参照物。对此，拉康举了一个"征帆三十"的例子：这里用部分的帆来指代整体的船，但这样的理解是基于现实的考虑的，而"船与帆的联结只存在在能指里面"。[②] 也就是说，用帆这个能指来指代船这个能指，是在能指链中发生的，而并不涉及现实的参考因素（事实上，只有一张帆的船也是很少见的）。在讨论转喻的时候，必须排除外在于能指链的"现实"。如普鲁斯在《能指

---

① ［法］拉康：《拉康选集》，褚孝泉译，上海三联书店2001年版，第437页。
② ［法］拉康：《拉康选集》，褚孝泉译，上海三联书店2001年版，第436页。

与行动》中说明的那样:"转喻中重要的是意指链自身的相邻性,而不是概念的或真实的相邻性。"① 拉康用转喻来指称能指产生意义构成的实效场地的一个侧面,并在《无意识中文字的动因或自弗洛伊德以来的理性》一文中,提出了著名的转喻公式:

$$f(S\cdots S')\ S \cong S(-)s$$

首先,根据狄伦·伊凡斯的解释:"fS 即表义变项,也就是表义过程产生的效应"。② 其次,从 S 到 S′ 的滑动,就意味着能指链上一个能指向另一个能指的横向移置,比如 S(帆)向 S'(船)的移置。但是,正如芬克所解释的那样,这仍然"导致了能指与所指间横线的存在"。③ 实际上,处在转喻过程中的能指并未冲破阻隔到达所指,因此,括号中的"-"号就代表了对意指抵制的存在。最后,"小写的 s 代表所指,≅ 的意思是'可以视为'"。按照伊凡斯的理解,整个转喻公式可以被读为"转喻不会取消表义过程引起的抗拒,不会穿越隔离线,不会生成新的所指"。④ 因此,"所指总是被排除或被(-)所禁止的"。⑤ 普鲁斯在《能指与行动》中做了这样一个生动的比喻:"转喻所产生的意指回音伴随着所指的缺席而布满了整个能指链"。⑥ 那么转喻为什么并不生成新的意义呢?按照塞缪尔·韦伯的解释:"转喻

---

① Ed Pluth. *Signifiers and Acts: Freedom in Lacan's Theory of the Subject.* Albany: State University of New York, 2007. p. 34.
② [英] 狄伦·伊凡斯:《拉冈精神分析辞汇》,刘纪蕙,廖朝阳,黄宗慧,龚卓军译,台湾:巨流图书股份有限公司 2009 年版,第 192 页。
③ Bruce Fink. *Lacan to the Letter: Reading Écrits Closely.* Minneapolis: University of Minnesota Press, 2004. p. 99.
④ [英] 狄伦·伊凡斯:《拉冈精神分析辞汇》,刘纪蕙,廖朝阳,黄宗慧,龚卓军译,台湾:巨流图书股份有限公司 2009 年版,第 192 页。
⑤ Samuel Weber (translated by Michel Levine). *Return to Freud: Jacques Lacan's Dislocation of Psychoanalysis.* Cambridge: Cambridge University Press, 1991. p. 66.
⑥ Ed Pluth. *Signifiers and Acts: Freedom in Lacan's Theory of the Subject.* Albany: State University of New York, 2007. p. 37.

可以被理解为是实现了能指的不同表达形式……但是转喻的运行却建立在其他事物的基础之上，建立在另一个失落的能指之上，事实上，是建立在弗洛伊德所谓的'另一场景'上"。① 这里，另一场景涉及的是实在界，是象征界能指永远无法企及之处，是语言所无法切割的地方。能指链上能指的转换将是永无止境的，因为那一失落的能指是永远找不回的。$\frac{S}{s}$中的隔离线将一直发挥着抵制意指的作用，能指便只能在自己的领域不断转换，而无法穿透阻隔到达所指的位置。因此，芬克说，转喻只是"用不同的语言说了同样的故事"。②

拉康将转喻的机制与弗洛伊德释梦技术中的"移置"结合了起来，并且指出："Verschiebung，意为迁移，德文的这个词要更接近这个表现为转喻的意义的转移"。③ 根据拉普朗虚和彭大历斯的《精神分析辞汇》，移置"指意表象的重点、旨趣、强度可以被分离出来，经由联想链转移至与此表象连结的其他原本强度微弱的表象上"。④ 需要指出的是，这里涉及的联想链，并非索绪尔意义上的纵向聚合关系，而应被理解为是横组合关系上的能指游移。弗洛伊德指出，梦包含显意的元素与隐意的元素，显意元素通常都是看上去无意义的，是通过案主口头叙述的内容，而对梦的解释工作，则在于通过转喻结构找到潜在的原初元素。在此，我们选取多埃尔·若尔在《拉康阅读导论：无意识像语言一样被结构》中所举的一个梦例来做一说明，以了解两

---

① Samuel Weber (translated by Michel Levine). *Return to Freud: Jacques Lacan's Dislocation of Psychoanalysis.* Cambridge: Cambridge University Press, 1991. p. 65.
② Bruce Fink. *Lacan to the Letter: Reading Écrits Closely.* Minneapolis: University of Minnesota Press, 2004. p. 99.
③ [法]拉康：《拉康选集》，褚孝泉译，上海三联书店2001年版，第442页。
④ [法]尚·拉普朗虚，尚－柏腾·彭大历斯：《精神分析辞汇》，沈志中，王文基译，台湾：行人出版社，2001年版，第124页。

者是如何结合起来的。

这个梦是来自一位名叫安吉拉·加尔马的案主自述：

> 我同我的保姆一起走在索非亚的街道上。我沿着满是妓院的街道下坡。我是法国人，我是作为一名法国人在这里的。我看到了一位近期出了滑雪事故的朋友，我告诉他我是法国人，并且欣喜地向他展示我的法国身份证。①

结合案主随后进行的自由联想，可从中获取如下信息：由于案主深受阿拉伯传统的影响，而认为自己不配做一名在爱情方面勇敢的法国人。因为在爱情方面勇敢，则意味着要有许多性关系，并且要克服所有使得自己无力的恐惧。而梦中的那位朋友，是和很多女人有着亲密关系的，滑雪事故也确实在不久之前发生在这位朋友身上。但是案主却又想到了这位朋友的哥哥近期染上了淋病。由此，"在梦的显意内容中出现的滑雪事故，便是一个典型的移置，并代表着一种潜在的由于性关系可能引起事故的想法"。② 多埃尔·若尔指出，在这个梦例中，发生了双重移置，"我是法国人，代表了和女人的正常性关系，而滑雪事故，则意味着性关系可能带来的意外事故"。③ 而这种能指间的转换，是通过案主的自由联想链形成的。因此，"在所有的情形中，转喻关系都将潜藏的能指维持在了显意链之下"。④ 因此在拉康看来，

---

① Joël Dor, Judith Feher Gurewich. *Introduction to the Reading of Lacan: The Unconscious Structured like a Language.* Canada: Other Press, 1998. p. 63.
② Joël Dor, Judith Feher Gurewich. *Introduction to the Reading of Lacan: The Unconscious Structured like a Language.* Canada: Other Press, 1998. p. 64.
③ Ibid.
④ Russell Grigg. *Lacan, Language, and Philosophy.* Albany: State University of New York Press, 2008. p. 166.

作为弗洛伊德释梦技术之一的移置，便是要通过案主的联想链，从显意的能指去追溯隐意的能指。

另外，拉康还在其他地方运用了转喻的概念，最典型的便是他的欲望论断"欲望确是个转喻"。① 拉康的欲望问题非本节阐述的重点，在此只做一简略概述。根据拉康的理论，与生理需要不同，欲望是永远无法满足的。因为人所欲望的东西总是在别处，总是有别的东西被欲望，而这一引起欲望的对象，却是根本性失落的。但是主体对此却是一无所知的，因此，欲望的对象便只能是从一个欲望代理滑动至下一个欲望代理，再到下一个……试图以这种方式来找回失落的对象，于是，就形成了一个无止境的转喻过程。"欲望是个转喻，因为引起它的对象，是作为失落之物而参与其中的，并且使得它从一个对象到另一个对象不停地移置，因为没有对象可以真正满足它。"② 所以，如果认为某个对象能够满足欲望，那只是一种幻觉。到后期拉康将对象a作为欲望之因，并且认为是对象a引起了欲望的转喻性运动。

三、隐喻与凝缩

如果说转喻是与能指的横向组合有关，那么隐喻则涉及能指的纵向替换。拉康将隐喻定义为："以一个词来代替另一个词"③，他选取了雨果一句诗来阐述隐喻：

---

① ［法］拉康：《拉康选集》，褚孝泉译，上海三联书店2001年版，第461页。
② Huguette Glowinski, Zita M. Marks, Sara Murphy. *A Compendium of Lacanian Terms*. London: Free Association Books, 2001. p. 58.
③ ［法］拉康：《拉康选集》，褚孝泉译，上海三联书店2001年版，第438页。

> 他的禾束既不吝啬也不怀恨。

拉康在第三期关于精神病的研讨班中对这句话进行了分析。需要说明的是，拉康之所以选择了一句诗歌作为例子来分析隐喻，亦是受雅各布森的影响，因为在雅各布森的诗学理论里，隐喻是诗歌的首要修辞格，"诗歌的比喻研究首先直达隐喻"①。按照原文，雨果实际是以"禾束"来指代禾束的主人"布兹"。拉康指出，这里涉及的并非是"禾束"和"布兹"的比较，而是一种认同，这种认同正是通过位置的相似性来实现的。"在隐喻所表达的符号化阶段预设了一种相似性，而这种相似性只能通过位置展现出来。"② 也就是说，"布兹"在能指链中占有的地位被"禾束"替换了，但是这种替换，只是针对两个彼此相异的能指而言的，并不涉及这两个词汇在字典中的意义。拉康道："隐喻预想了意义为主要基准，它转移、命令能指到这样一种程度，以至于整个预设的种类，我应该说词汇的联结都是未完成的。因为没有任何一本字典的用法能举出这样一个例子，即一捆禾束既能吝啬，又能怀恨。"③ 拉康也相应地写出了隐喻公式：

$$f(\frac{S'}{S})S \cong S(+)s$$

同转喻的公式一样，fS 代表表义过程，而括号里面的 $(\frac{S'}{S})$ 代表了一个能指对另一个能指的纵向替换。右边大写的 S 代表能指，小写的 s 代表

---

① 江飞：《隐喻与转喻：雅各布森文化符号学的两种基本模式》，《俄罗斯文艺》2016年第2期。

② Jacques Lacan. *The Seminar of Jacques Lacan: Book* Ⅲ, *The Psychoses* 1955—1956. New York and London: W·W·Norton & Company, 1993. p. 219.

③ Jacques Lacan. *The Seminar of Jacques Lacan: Book* Ⅲ, *The Psychoses* 1955—1956. New York and London: W·W·Norton & Company, 1993. p. 218.

所指,而括号中间的(+)代表了"索绪尔定式中的横向阻隔线被纵向的意义穿透了,这就是意义的浮现"①。因此,整个公式的意思是:"用一个能指取代另一个能指形成意义变项,而且可以视为具有穿透隔离线的作用。"②

按照普鲁斯的解释,这里等式右边的能指 S 负载了一个所指,或者更确切地说,是负载了一个所指效果。并且,"这种效果的化身体现在了一个特定的能指上,这个能指就是作为'隐喻的所指'而发挥作用的"③。因此,就出现了一个新的意指效果,并且直接呈现于能指链上。因此,能指一方面在能指链上维持着彼此的替换,另一方面却穿透了阻隔,进入了"所指的领域",占据了所指的位置,产生了新的意义。"那种在转喻中不断闪避的所指效果,在隐喻中就体现在了一个能指上。"④ 也就是说,隐喻是在能指替换的层面上产生了的所指效果。对此,塞缪尔·韦伯总结道:"隐喻的运作,不过是能指的沉淀在产生所指的同时又禁止了它,因为它从不停止其为能指的步伐。"⑤ 也就是说,如果转喻所依赖的是能指链中能指串联的运作本身,那么隐喻就说明了能指运作是如何产生所指的。多埃尔·若尔从隐喻的运作中得出如下结论:"第一,隐喻的过程能产生新的意义,只要这个过程由能指的自动性与所指相关联。第二,正是隐喻建构的

---

① [英] 狄伦·伊凡斯:《拉冈精神分析辞汇》,刘纪蕙,廖朝阳,黄宗慧,龚卓军译,台湾:巨流图书股份有限公司2009年版,第188页。
② [英] 狄伦·伊凡斯:《拉冈精神分析辞汇》,刘纪蕙,廖朝阳,黄宗慧,龚卓军译,台湾:巨流图书股份有限公司2009年版,第188页。
③ Ed Pluth. *Signifiers and Acts*: *Freedom in Lacan's Theory of the Subject*. Albany: State University of New York, 2007. p. 36.
④ Ibid.
⑤ Samuel Weber (translated by Michel Levine). *Return to Freud*: *Jacques Lacan's dislocation of psychoanalysis*. Cambridge: Cambridge University Press, 1991. p. 66.

原则证实了能指的主导性,因为能指链统治着所指网。"①

　　拉康正是在能指链的意义上将隐喻与弗洛伊德的"凝缩"观念结合起来。根据《精神分析辞汇》的描述,凝缩意为"单一表象独自代表由它所联结起来的许多联想链"②,在拉康看来,"弗洛伊德的凝缩即修辞学中的隐喻"。③ 隐喻是一个能指对另一个能指的替换,替换则基于相似性,比如语义或发音的相似性。但是,在对梦的解释工作中,这种相似性往往因经过联想链的不断转换而很难为人察觉。通常在显梦中出现的梦元素,是经过两个以上的隐意元素缩合而成的,因此对这种复合元素的解释,就显得十分困难。弗洛伊德在《释梦》中记录过一个植物学专著的梦:

　　　　我曾写过一本关于植物学的专著。这本书摆在我的面前,我在翻阅一页折叠起来的彩色插图,在这本书上附有一个枯干的这种植物的标本。④

　　在这个梦例中,最主要的是"植物学专著",它是由"植物学"和"专著"构成的。根据"植物学",案主联想到了花神,联想到与花有关的少妇,联想到大学时期的考试等。而根据"专著",则联想到了案主曾写过的专著,以及发生在实验室的事,等等。因此,"植

---

① Joël Dor, Judith Feher Gurewich. *Introduction to the Reading of Lacan*: *The Unconscious Structured like a Language*. Canada: Other Press, 1998. p. 49.
② [法]尚·拉普朗虚,尚-柏腾·彭大历斯:《精神分析辞汇》,沈志中、王文基译,台湾:行人出版社,2001年版,第95页。
③ Jacques Lacan. *The Seminar of Jacques Lacan*: *Book* Ⅲ, *The Psychoses* 1955—1956. New York and London: W·W·Norton & Company, 1993. p. 221.
④ [奥]弗洛伊德:《弗洛伊德文集第二卷》,车文博主编,长春出版社,2012年版,第188页。

物学专著"这一在显梦中的要素,实则缩合了许多梦的材料,而其最后的意义,便触及了"我学习的片面性"和"我爱好的昂贵代价"两个主题,这便是隐喻产生的意义。其他诸如艾玛注射梦的例子,梦中出现的形象也是由多重因素决定的,是一种形象的重叠缩合,也即能指的叠置。而对此的解释,则要通过对能指的拆解析离,找出那被替换的能指,从这种隐喻的转换过程中推出意义的产生。

拉康在其他很多地方也运用了隐喻的概念,比如"症状确是个隐喻"①,"父之名的隐喻,或父姓隐喻是去向符号界的通道"。② 在俄狄浦斯结构中,"能指'父之名'的介入使得父姓隐喻的建构成为可能。于是,父之名代替了对母亲的欲望,由此便给主体一个新的意指过程。这种运作的结果,便是主体放弃成为母亲的菲勒斯,而母亲也不能再将孩子看作她的菲勒斯"。③ 这是主体必须接受的隐喻结构,是主体通往符号界的唯一通道。而精神病的祸根,便是由于"父之名"这个能指的缺席导致父姓隐喻过程的失败引起的,这就意味着主体永远停留在想象界那种幻想的二元关系中,失去了在象征界的铭记,也无法产生性别认同(具体可参见拉康对施列伯病例的分析)。其他提及隐喻的地方,比如拉康认为"肛门性欲和隐喻有密切关联,肛门层次就是隐喻的所在——以一对象取代另一对象,捐舍排泄物以取代阳形(菲勒斯)","由于认同就是将自己替换成他人,因此认同的结构也离不开隐喻"。④

---

① [法]拉康:《拉康选集》,褚孝泉译,上海三联书店2001年版,第461页。
② Joël Dor, Judith Feher Gurewich. *Introduction to the Reading of Lacan: The Unconscious Structured like a Language*. Canada: Other Press, 1998. p. 54.
③ Huguette Glowinski, Zita M. Marks, Sara Murphy. *A Compendium of Lacanian Terms*. London: Free Association Books, 2001. p. 120.
④ [英]狄伦·伊凡斯:《拉冈精神分析辞汇》,刘纪蕙、廖朝阳、黄宗慧、龚卓军译,台湾:巨流图书股份有限公司2009年版,第190页。

四、转喻与隐喻的关系

雅各布森在《语言学基础》中,将隐喻与转喻定义为意义产生中的两极,两者的地位是同等的。比如他认为:"在文学流派里的浪漫主义与象征主义中,隐喻过程的主导型已被再三地承认,但仍未充分意识到的是,正是转喻的优势强调并真正决定了所谓的现实主义倾向。"① 不同的文学类型,对应着不同的用法,因此两者没有孰轻孰重。但是,拉康在此重演了对索绪尔能指与所指平等地位颠覆的技法,破坏了雅各布森意义上隐喻与转喻的对等地位,而将转喻提升到了优先的位置。在第三期研讨班中,他直接指出:"转喻从一开始就存在着并且使隐喻成为了可能。"②

实际上,著名的拉康研究学者罗素·格里格在《拉康,语言和哲学》一书中指出,作为拉康隐喻概念来源的雅各布森理论,并非是全面的。因为雅各布森仅仅将隐喻功能定位在替换上,而"隐喻可能包含替换,也可能不包含替换"③。替换隐喻只是隐喻的一种类型,其他的还有同位隐喻,是通过能指的并置实现的,比如"沉默是金""爱是战争"。因此,拉康的隐喻,也主要是指这种替换隐喻。但是就它与转喻的关系来说,仍然是转喻占据了主导性地位。这可以从拉康的一段话中推断出来:"隐喻的创造性火花……在两个能指之间发出,

---

① [美]雅柯布森:《雅柯布森文集》,钱军编译,湖南教育出版社,2000年版,第78页。
② Jacques Lacan. *The Seminar of Jacques Lacan*: Book Ⅲ, *The Psychoses* 1955—1956. New York and London: W·W·Norton & Company, 1993. p. 227.
③ Russell Grigg. *Lacan, Language, and Philosophy*. Albany: State University of New York Press, 2008. p. 156.

其中一个能指取代了另一个能指在能指连环中的位置，被隐没的那个能指以其在连环中的（转喻的）联系而继续显现。"① 回到雨果的诗歌，"禾束"这个能指取代了"布兹"这个能指，占据了后者的位置，这并不意味着"布兹"这个能指消失了，不发挥作用了，它仍作为一个能指在能指链中继续同其周围的其他能指产生着关系。也就是说，在整个能指网络中，关系永远是首位的。在隐喻中，即使一个能指取代了另一个能指，占据了这个能指原有的位置，它的意义也仍然需要同周围的能指发生关系才可被确定下来，也正是在这个关系链中的这个点上，才产生出意义。所以拉康说："隐喻恰恰处于无意义中产生意义的那一点。"② 能指本身不具有意义；只有在隐喻中，关系赋予能指以意义并在它身上建立起所指效果，而这种关系正是语义关系，横向的相邻性是其意义生成的条件。普鲁斯将这两者关系概括为："转喻是任何能指链的基本结构，而隐喻则预设了这种结构，每个隐喻都在预设了转喻语境的能指链中发生。这也意味着如果不首先建立一个缺乏的所指，隐喻对所指的言语体现也变得不可能。"③ 而所指的缺乏，正是转喻公式中的那个"（-）"号，是转喻结构中永远缺席的、被排除的所指。

在拉康的理论中，隐喻与转喻并非是两种彼此独立的运作机制，相反，隐喻与转喻是紧密相联的。这种联系可以从拉康对诸如玩笑、新词的分析中表现出来。其实，弗洛伊德早在《日常生活中的精神病理学》中就对这些语言现象做了分析，并将它们同无意识联系起来。

---

① ［法］拉康：《拉康选集》，褚孝泉译，上海三联书店 2001 年版，第 438 页。
② ［法］拉康：《拉康选集》，褚孝泉译，上海三联书店 2001 年版，第 439 页。
③ Ed Pluth. *Signifiers and Acts: Freedom in Lacan's Theory of the Subject*. Albany: State University of New York, 2007. p. 37.

拉康精神分析学的能指问题　>>>

而拉康在第五期关于无意识形成的研讨班中，也结合隐喻与转喻对这些现象提出了自己的阐释。比如，他将玩笑看作是"在'凝缩'和'移置'两个不同名义下发生的"①，也就是说，玩笑是隐喻与转喻的结合，又如，他将"新词创造、言语混乱、幻想性语言看作是转喻与隐喻的双重建构"②。由此，不同于雅各布森对隐喻与转喻的修辞学研究，拉康将其推进到了哲学的层面，更确切地说是精神分析的层面，因为拉康将精神分析看作是第一位的。

由此，隐喻与转喻不仅是能指链的运作方式，更是铭记精神分析"主体"位置的手段。只有凭借能指链的这种运作，主体才得以在符号界找到暂定的立足之处。因此，能指变成了主体存在的模型。而能指链一旦滑移，事实上它总是在不停移动中的，主体便被带到了一个新的位置，如拉康对爱伦·坡《失窃的信》的分析。在小说中，那封从始至终都没有提及内容的信已然成为了一个无所指的能指，它先是从王后手中移至大臣手中，又从大臣手中移到了侦探迪潘手中，在这个过程中，主体的命运与这封信密切相连。因此，与其说我们是具有自主性的笛卡尔"我思"式的主体，不如说是我们作为能指的主体，是由符号构成的且又经受能指链条切割的主体，是被转喻与隐喻不断传送的主体。于是，作为被象征界（符号界）铭记的主体，一方面要在欲望的转喻中不断位移，另一方面，又要在这种滑动中隐喻地找到自身存在的意义。

综上所述，拉康的能指链是建构意义的结构，而能指链的运作方

---

① Jacques Lacan (translated by Cormac Gallagher). *The Seminar of Jacques Lacan：Book V, The Formations of the Unconscious*1957—1958. www.lacaninireland.com.
② Joël Dor, Judith Feher Gurewich. *Introduction to the Reading of Lacan：The Unconscious Structured like a Language*. Canada：Other Press, 1998. p. 54.

式是转喻与隐喻。雅各布森从失语症的研究中建立了隐喻与转喻的两极图式，这个超出语言符号本身的修辞学图式被拉康继承并建构到其能指链的运作方式之中。因为拉康改写索绪尔的符号算式之后需要重建意义产生的方式，转喻与隐喻问题就成为他整合语言学和精神分析的主要手段。在这个过程中，拉康确立了转喻相对隐喻的优先性，同时在某种程度上强化了雅各布森转喻和隐喻两极运行的紧密相关性。能指链的运作总是铭记着缺席和失落的，拉康的符号图式中从来就没有自足的所指，索绪尔意义上的所指是被排除的，这里只有能指链的不断滑动。借此，拉康将语言学熔铸进精神分析，用语言学的概念重构了精神分析，重新解释了弗洛伊德的"移置"和"凝缩"。转喻与隐喻理论为拉康的精神分析提供了基石，成为他解释一系列精神分析现象的有效工具。

第二章

能指与主体

第一节 镜像阶段中的自我及其与主体的关系①

1949年7月17日,拉康在苏黎世第十六届国际精神分析学会上所做的报告是关于镜像阶段理论的完整阐述,报告收录于《拉康选集》,题为《助成"我"的功能形成的镜子阶段》。虽然在1936年的马里安巴德第十四届精神分析大会上,拉康已经提出了镜像阶段的概念,但由于他的发言超出了会议规定的每人十分钟发言时间,因此被作为会议主席的琼斯打断了。而那份拉康的发言稿也未被收入会议论文集中。十多年后发表的这份关于镜像阶段理论的阐述,不仅在心理学界引起重大反响,其波及范围更是扩展到了文学、哲学等人文学科。丹尼·诺布斯(Dany Nobus)指出:"在过去的几十年中,镜像阶段已被用作一个工具来揭示包括弥尔顿、魏尔兰、巴尔加斯·略萨等各

---

① 此小节内容已作为独立论文发表于《内江师范学院学报》2016年第9期。

式各样作品中的隐含动力。"① 法国哲学家鲍德里亚的《生产之镜》一书，也是借鉴了拉康的镜像概念作为书名，以展开其对资本主义生产虚假性的批判。

在这次报告中，拉康通过对镜像阶段的阐述，明确划分出了自我与主体的对立，并将精神分析的研究对象定位在作为符号界产物的无意识主体之上。这种划分，既反对了自我心理学将自我作为拥有意识又能掌控自身的机构，又在哲学上批判了笛卡尔的我思主体。拉康理论中的自我，是想象界的产物，它从一开始就是虚构的、异化的，是通过对自身之外的镜像认同而想像性完成的。也正是自我的这种虚构性为一系列病理埋下了祸根，而自我心理学试图以强化自我来消除症状的做法，在拉康看来，无异于是加强了自我的异化。因此，自我概念从来就不是拉康精神分析学的研究重点。而作为精神分析研究对象的主体概念，绝非笛卡尔意义上拥有自明性的我思主体，相反，主体在很大程度上并非是自知的，而是无意识的，甚至不知道自己在说什么。

拉康的镜像阶段是一个关键的理论发明。镜像阶段是拉康用以说明自我想象性形成的重要理论参考，也是拉康界定精神分析目标的前提准备，是拉康后续理论展开的雏形框架，正如在第十五期关于精神分析行动的研讨班中所表明的，"人人都知道我靠着被称为镜像阶段的小刷子进入了精神分析，我把镜像阶段变成了一个支架"。② Catherine Clément 甚至认为，"除了镜像阶段，拉康恐怕没有任何其他观念

---

① Dany Nobus. *Key Concepts of Lacanian Psychoanalysis*. New York：Other Press，1999，p. 123.
② Jacques Lacan. *The Seminar of Jacques Lacan：Book XV, The Psychoanalytic act* 1967—1968. www.lacaninireland.com. .

了,这是一个真正的发现,在这个发现中,我们找到了他未来所有理论的胚胎形式"。① 镜像理论的意义,在于其为拉康后续思想发展提供了一个雏形,构建了一个理论基质,从拉康的思想发展来看,与镜像阶段密切相关的既包括自恋、侵凌性、认同等典型的精神分析概念,也涉及自我、主体等人文学科概念。

但拉康的镜像阶段理论,正如雅各布森(Borch‒Jacobsen)所评论的那样,"远远不是真正原创性的"。② 事实上,他的镜像阶段理论借鉴了诸多领域的研究成果:心理学方面,既包括法国心理学家亨利·瓦隆的镜像实验结果,又涵盖了格式塔心理学以及弗洛伊德的自恋理论;神经解剖学领域的数据,帮助拉康提出人类"出生的早熟"的理解;拉康上过科耶夫的黑格尔讲座,他又将黑格尔辩证法作为自己的理论工具。拉康的借鉴并非简单的理论糅合,而其本质是一种"普遍化结合"。③ 由此,拉康将镜像阶段提升到了作为人类存在状态的本体论意义上。需要注意的是,我们在对镜像阶段进行阐释时,不可将其化约拆分为彼此孤立的理论来源,而始终要以抽象综合的眼光来回溯性地解释其形成过程,否则便会有简单化的危险。

一、匮乏的前镜像阶段

拉康对前镜像阶段的描述,是以神经解剖学的理论为起点,通过抽象析离的过程,逐步上升到了作为人之存在的匮乏本体论结构。

---

① Catherine Clément (translated by Goldhammer, A.). *Lives and Legends of Jacques Lacan*. New York: Columbia University Press, 1983. p. 100‒101.
② Borch‒Jacobsen (translated by Brick, D.). *Lacan: The Absolute Master*. Stanford, California: Stanford University Press, 1991. p. 47.
③ Ibid.

一般来说，前镜像阶段是指婴儿从出生到 6 个月这段时期，其显著特点就是匮乏。与其他动物相比，人类婴儿的出生总是早熟的，这体现在相比于动物强大的环境适应能力与良好的身体协调性，人类婴儿总是处于一种无法自足的彻底无助状态。从其生理需求的满足来说，他总是需要一名看管者（不一定是母亲），而按照发展的进程来看，他处于一种"躯体迟滞"状态。因此，相比于作为胚胎在子宫存在的自足状态，人类的出生一开始就是未准备好的，在未获得足够的生存技能之前，便伴随着这种"构造上的不完全"以及"母体体液的残存"被抛入了世界，体现为"新生儿最初几月内的不适和行动不谐的症状"。① 这种不愉快的体验从出生就开始了，随着母亲分娩的阵痛，婴儿与母亲初次分离，导致了婴儿对"构成寄生平衡的子宫内生活环境与营养条件破坏"② 的不充分适应，这便是拉康所谓的诞生创伤，这种诞生创伤是无法修补的。

在婴儿出生之后，母亲仍然为婴儿提供着满足其基本需要的资源，这个时期的婴儿还不能区分自己与满足其需要的客体，他处于一种混沌状态。按照玛丽·艾米丽的解释："为了镜像阶段能够发生，婴儿必须认识到自身的不足，并且将自己与母亲的身体相分离"。③ 而这种与母亲身体的分离便是通过断奶来完成的。

对于婴儿来说，断奶是在出生之后与母亲的二次分离，它"在人的心理中留下生物关系被打乱的踪迹，是一种心理创伤"。④ 断奶就意

---

① ［法］拉康：《拉康选集》，褚孝泉译，上海三联书店 2001 年版，第 93 页。
② Jacques Lacan (translated by Gallagher, C.). *Family Complexes in the Formation of the Individual*. www.lacaninireland.com, 2003. p. 19.
③ Marie – Émile. *Jacques lacan's Theory of "The Mirror Stage"*. 2009 (03), www.williamcookwriter.com.
④ Jacques Lacan (translated by Gallagher, C.). *Family Complexes in the Formation of the Individual*. www.lacaninireland.com, 2003. p. 16.

味着婴儿对母亲依附关系的结束，意味着要将自身从母亲的身体中区分出来，这无疑是不愉快的创伤体验。而为了弥补这种创伤，个体便会通过断奶情结将这种依附关系固定到心理中。断奶情结被拉康定义为心理发展中最基本的情结，而母亲意象则位于断奶情结的核心。"断奶情结以一个人在其早期生活中感受到的需求所强加的寄生方式把哺乳关系固定在心理中，它表现了母亲意象的原始方式。"[1] 即为身体需要方面先天不足的婴儿提供其所需的基本资源。断奶结束后，个体往往会"以母亲的乳房意象来重新建立被打断的哺乳关系"，[2] 这种对哺乳关系的重建，实质是对断奶之前完整性的怀旧（或称"怀乡病"）。而为了保证新的情结融入到心理中，确保新的关系能介入进来，这种母亲意象必须被升华，否则将会变成一种死亡关系，会使个体在一种母系的和致命的意象中迷失。在与母亲身体分离之后，婴儿便作为独立的存在而独自面对世界了，但是由于尚未建立起完善的感知系统，此时的婴儿"对身体的体验还停留于碎片化，破碎性的状态"[3]。因此，对于处在身体协调性不一致的秩序性匮乏状态中的婴儿来说，独立存在的首要任务便是建立机体的完整性。概括而言，"婴儿在其生命的最初六个月仍缺乏身体协调……一种补偿性的对整体形式的认同发生在接下来的镜像阶段中（6 至 18 个月期间），如此就建立了一种统一感"。[4]

---

[1] 吴琼：《雅克·拉康：阅读你的症状》，中国人民大学出版社，2011 年版，第 104 页。
[2] 同上。
[3] 高宣扬主编：《法兰西思想评论·2012》，人民出版社，2012 年版，第 212 页。
[4] Ragland‑Sullivan. *Jacques Lacan and the Philosophy of Psychoanalysis*. Urbana and Chicago：University of Illinois Press，1987. p. 26.

二、作为结构戏剧的镜像阶段

镜像阶段的材料来自一项比较心理学的研究。这个镜像实验是法国心理学家亨利·瓦隆命名的，意在否定儿童的自我意识会随着他对自己身体的感觉而出现的观点。瓦隆将黑猩猩和猴子放置于镜前，它们均能辨认出镜中自身的形象，但是在发觉镜子形象的空洞无用之后，它们便立刻失去了兴趣。而将6至18个月大的婴儿放置于镜前，在看到镜中形象之后，他们会以一系列的动作做出回应，"他要在玩耍中证明镜中形象的种种动作与反映的关系以及这复杂潜象与它重现的现实的关系，也就是说与他的身体，与其他人，甚至与周围物件的关系"。① 通过这个实验，瓦隆试图揭示的是，"除非将自身从他人中分离出来，否则人类便不会拥有一致的自我形象"。② 正是这项心理学的实验材料为拉康所利用，拉康最终将镜像阶段提升到作为人类本体论存在的高度之上，这超出实验原本设计的心理学目的。

拉康注意到，"还不会走路甚至还不会站稳的婴儿，虽然被人的扶持或被椅车所牵制，会在一阵快活的挣扎中摆脱支撑的羁绊而保持一种多少有点倾斜的姿态，以便在镜中获得的瞬间的形象中将这姿态保持下来"。③ 这意味着，处于匮乏中的婴儿，在辨认出镜中完整的形象之后，将这一形象归属于自己，并进而认同于这个形象，伴随着这种认同，那种对自己破碎身体的不愉快经验便被一种获得躯体完整性

---

① [法]拉康：《拉康选集》，褚孝泉译，上海三联书店2001年版，第90页。
② Dany Nobus. *Key Concepts of Lacanian Psychoanalysis*. New York：Other Press, 1999, p.105.
③ [法]拉康：《拉康选集》，褚孝泉译，上海三联书店2001年版，第90页。

拉康精神分析学的能指问题　>>>

的狂喜所替代了，"他的快乐源自预期某种他实际并未获得的肌肉协调的想象性胜利"。①

在对镜像的认同过程中，"主体借以超越其能力的成熟度的幻象中的躯体的完整形式是以格式塔方式获得的，也就是说是在一种外在性中获得的。在这种外在性里，形式是用以组成的而不是被组成的"。② 对于这一阶段的婴儿来说，其对自己身体的操纵能力显然处于欠缺状态，他对身体的感知是以碎片化的方式来发生的，即只能感受到作为部分的机体组织，而无法以整体性的方式对其感知操纵。当婴儿在镜中看到一具整体的形象时，便会凭借想象将这种外在于己的整体性加于自身，将镜像的整体性当作自己具有的能力，因此，他的躯体完整性的获得是凭借外在于身体的一个格式塔而完成的。这个固定的格式塔本身就作为一部分构成了认同，是发展"自我"之概念的基础，正是形象的作用组成了自我本身。"自我的统一是根本地想象性的，既是根本地幻觉性的（在身体混乱的现实方面）也是根本地视觉性的。"③ 而这种完整性与婴儿的实际生活经验相反，这样"便只有预期的运动与心理统一，它们视觉性地被表征在对图像的知觉中，而在儿童身上这种统一却是完全缺失的，这就使得镜像阶段在对自我的建构中发挥了重要的作用"。④ 视觉上的格式塔将婴儿并不真正具有的统一性赋予他，仅仅通过看到这个完整的形象，主体就可以获得对自己身体的想象性操控。因此"镜像阶段对格式塔的认同是一种非自然的

---

① Jacques Lacan. *Some Reflections on the Ego*. www.nosubject.com, 2006.
② [法]拉康：《拉康选集》，褚孝泉译，上海三联书店2001年版，第91页。
③ Huguette Glowinski, Zita M. Marks, Sara Murphy. *A Compendium of Lacanian Terms*. London: Free Association Books, 2001. p. 49.
④ Samuel Weber (translated by Michael Levine.). *Return to Freud: Jacques Lacan's Dislocation of Psychoanalysis*. Amsterdam: John Benjamins Publishing Company, 1992. p. 13

现象，它组成了居于外在形式，一个理想的统一因为这个形式看起来是完整的，与情感混乱的内部感受间的异化"。①

这种认同方式产生了两种后果：其一是"象征了我在思想上的永恒性"，②也就说，只有通过这种方式，关于"自我"的概念才能建立起来，才能为前期的匮乏体验找到一个暂时的解决办法以确保生存；另一个后果是预示了自我异化的结局，因为在这一过程中，婴儿将不属于自己的完整性误加给了自己，而忽略了自己生活经验的匮乏事实，这就构成了异化的基础。"异化在镜像阶段的想象性建构中找到了它首要的和决定性的参照点。"③正如埃莉·拉格兰（Ellie Ragland）所总结的："在拉康的理论中，自我的初始形式背负着一个额外的重担，即参照外部形象来定义身体中的连续性，这样就确保了自我以后将在自身中包含易变性的萌芽。"④

如此，拉康的自我概念便和自我心理学对自我的定义完全相反。自我心理学将自我置于感知觉体系的核心，赋予其自主性，并把自我看做是"抵御外界压力的防御机制"⑤，受现实原则影响，并且具有适应性与综合性。在临床上，他们试图通过恢复案主自我的功能，来帮助案主更好地适应现实。而拉康是完全否定这种看法的，他认为"自我心理学派过度强调想象，强调想象性的自我与自我的关系以及同现

---

① Ellie Ragland. *Essays on the Pleasures of Death*：*From Freud to Lacan*. New York：Routledge，1995. p. 38.
② ［法］拉康：《拉康选集》，褚孝泉译，上海三联书店2001年版，第91页。
③ Richard Boothby. *Death and Desire*：*Psychoanalytic theory in Lacan's return to Freud*. New York and London：Routledge，1991. p. 21.
④ Ellie Ragland. *Essays on the Pleasures of Death*：*From Freud to Lacan*. New York：Routledge，1995. p. 40.
⑤ 吴琼：《雅克·拉康：阅读你的症状》，中国人民大学出版社，2011年版，第104页。

实的关系"。① 他从一开始就强调了自我的离心性,突出了自我的异化,在拉康看来,"我并非是对现实的表征,而是幻觉性掌控的样品,是个体控制的幻影"。② 同时"自我并非可塑的或综合的,而是形态的,有限的,不可化约的"。③ 因此,自我心理学的临床方法在拉康看来是失效的。由于拉康将自我看作是误认的根源,于是在此意义上,拉康反对了笛卡尔"我思故我在"式的我,因为"笛卡尔那个说'我'的主体对应着自我的层面,一个建构的自身,并且他被认为是自己思维的主人,他的想法被认为是和外部现实相对应的"。④ 简而言之,拉康认为笛卡尔的"我"是等同于具有虚构性的自我的,而"精神分析的经验,是根本性地反对任何衍生自我思的哲学"。⑤

在第一期名为《弗洛伊德论技术的文章》研讨班中,拉康借用了光学模型,来说明他的基本论点(如图2-1所示)。

这个光学模型是由一面凹透镜与一面平面镜组成的。其中,"凹透镜制造了一个被盒子挡住的倒转花瓶的真实影像,而在平面镜上呈现出一个虚拟的影像。这个虚拟影像只有站在特定视域之内的主体才会看得到"。⑥ 盒子代表了身体,花束代表了直觉和欲望以及围绕欲望转动的对象,凹透镜代表了大脑皮层,眼睛意味着主体,而身体的形

---

① Bruce Fink. *Lacan to the Letter*: *Reading Écrits Closely*. Minneapolis: University of Minnesota Press, 2004. p. 62.
② Dany Nobus. *Key Concepts of Lacanian Psychoanalysis*. New York: Other Press, 1999, p. 123.
③ Ellie Ragland. *Essays on the Pleasures of Death*: *From Freud to Lacan*. New York: Routledge, 1995. p. 35.
④ Bruce Fink. *The Lacanian Subject*: *Between Language and Jouissance*. Princeton: Princeton University Press, 1996. p. 43.
⑤ Jean-Michel Rabaté, . ed. *The Cambridge Companion to Lacan*. New York: Cambridge University Press, 2003. p. 33.
⑥ [英]狄伦·伊凡斯:《拉冈精神分析辞汇》,刘纪蕙、廖朝阳、黄宗慧、龚卓军译,台湾:巨流图书股份有限公司2009年版,第220页。

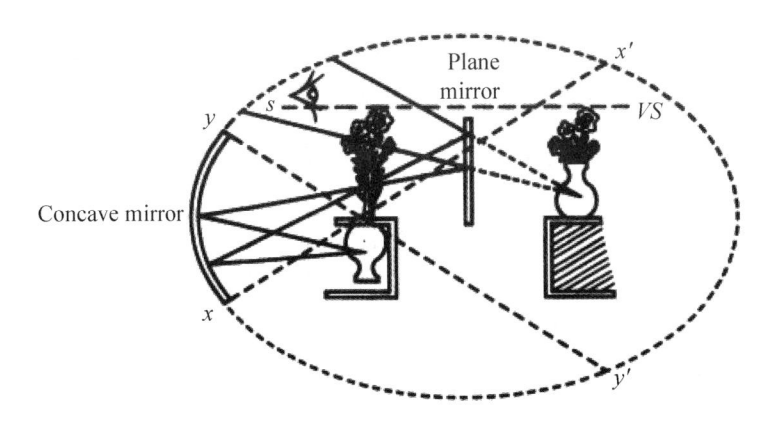

图2-1 "倒置的花瓶"的光学模型

象,就像"装着真实花束的想象性花瓶"。① 不难看出,左边的实像是倒置的,这意味着真实的身体本是混乱的,被直觉和欲望所围绕,但是在经过平面镜的投射之后,虚像具有了整合性,身体的形象于是变成填满了直觉与欲望的统一形象,主体透过平面镜所看到的正是这一虚像。实像是主体无法看到的,他所看到的只能是经过投射的虚像。这一模型形象说明了婴儿镜像期的认同体验。

那么,主体何以会认同镜中的虚像并将其归属于己呢?拉康在此借用并改造了弗洛伊德的一个重要概念——自恋。弗洛伊德的自恋概念,是指力比多对自我的投注,与力比多对对象的投注相反。而拉康通过强调自恋的词源关系,将其与纳西索斯神话联系起来,把自恋定义为"来自镜像的情欲牵引"。② 他又指出,"这种情欲关系构成初发认同的基础,而自我在镜像期中成形,靠的就是初发认同"。③ 因此,

---

① Jacques Lacan. *The Seminar of Jacques Lacan*: *Book I, Freud's Papers on Technique* 1953—1954. New York and London: W·W·Norton & Company, 1988. p. 79.
② [英]狄伦·伊凡斯:《拉冈精神分析辞汇》,刘纪蕙、廖朝阳、黄宗慧、龚卓军译,台湾:巨流图书股份有限公司2009年版,第202页。
③ 同上。

这种镜像的实质就是力比多对躯体形象的投注,这种对镜像的情欲牵引,就被拉康定义为是一种自恋类型。在第一期的研讨班中,拉康指出:"首先,事实上存在着一种与躯体形象相关的自恋,这个形象与主体机制的整体同一,并且赋予他的自我以形式,只要这个主体是人而不是马,它构成了主体的统一。"① 但是,自恋的性质同时又带有侵凌性的特点,会使主体走向自我灭亡。"由于镜像具有完整性,与主体真实身体无法协调的不一致性相反,使主体感受到裂解的威胁,因此自恋也具有侵略的性质。"② 既然这种对躯体完整性的认识是一种误认,是一种自我掌控的幻象,那么就时时存在着回归到之前匮乏混乱状态的危险。拉康据此提出了"破碎的身体"这一说法,以说明前镜像期身体体验的碎片化。这种"残缺的身体经常在梦中出现,那时它是以断裂的肢体和外观形态学中的器官形式出现的……残缺的身体的形式还在机体本身具体地出现,出现的途径是那种决定了谵妄的构造的脆弱化过程,表现在精神分裂,痉挛和歇斯底里的症状上"。③ 有一些形象可以明显体现出侵凌的意向,包括"阉割,截肢,肢解,脱臼,剖腹,吞噬,裂体",④ 只需参照一下耶罗尼米斯·博斯的画便可看到这种形象。

需要说明的是,"在拉康思维的环境中,关于镜像阶段的观念和弗洛伊德意义上的一个真正时期或阶段完全无关,也和一面真正的镜

---

① Jacques Lacan. *The Seminar of Jacques Lacan*: Book I, *Freud's Papers on Technique* 1953—1954. New York and London: W·W·Norton & Company, 1988. p. 125.
② [英] 狄伦·伊凡斯:《拉冈精神分析辞汇》,刘纪蕙,廖朝阳,黄宗慧,龚卓军译,台湾:巨流图书股份有限公司 2009 年版,第 202 页。
③ [法] 拉康:《拉康选集》,褚孝泉译,上海三联书店 2001 年版,第 93－94 页。
④ [法] 拉康:《拉康选集》,褚孝泉译,上海三联书店 2001 年版,第 101 页。

子无关。这个阶段是一个心理或本体论的运作"。① 拉康将瓦隆的镜像实验抽象到了本体论的地位，早已摆脱了具体实验数据的桎梏，因此，试图通过镜像实验的缺陷而批判拉康理论的论点是站不住脚的。比如美国精神分析学家诺曼·霍兰德在《后现代精神分析》中指出，拉康所引用的数据是不恰当的，婴儿在15个月前是无法辨认自己的镜像的，这就是把镜像阶段固定在了进化的意义上，而实际上"镜像阶段，是一种状态结构性地接替另一种状态，而非进化意义上的某个时期"。② 即镜像阶段作为一出结构戏剧连接了匮乏状态与想象性统一的状态。又如哲学家雷蒙德·塔利斯在《非索绪尔：后索绪尔文学理论批评》中认为，如果这种认识论的成熟是依靠视觉上看到自己的镜像而发展的，那么盲童将会缺乏这种"自我"，并且无法进入语言与社会中。而事实上，拉康的镜子概念是结构意义上的，"它并非真的需要一面真实的镜子，而是可以被'镜面反射行为'所替代，即在同龄人当中看到自己"。③ 就如丹尼·诺布斯所解释的，"盲童仍然可以设想自我形象，只要符号界替代并控制着他的眼睛，他将会从大他者的言语中看到自己"。④ 比如，父母会对儿童说"你是一个好孩子"，那么儿童便会从话语中将"好孩子"的形象归属于己。

总而言之，"镜子阶段是场悲剧，它的内在冲劲从不足匮乏奔向预见先定，对于受空间确认诱惑的主体来说，它策动了从身体的残缺形象到我们称之为整体的矫形形式的种种狂想，一直达到建立起异化

---

① Jean-Michel Rabaté ed. *The Cambridge Companion to Lacan*. New York: Cambridge University Press, 2003. p. 29.
② Jean-Michel Rabaté ed. *The Cambridge Companion to Lacan*. New York: Cambridge University Press, 2003. p. 30.
③ *What does Lacan Say About the Mirror Stage*. 2010（9）. www.lacanonline.com.
④ Dany Nobus. *Key Concepts of Lacanian Psychoanalysis*. New York: Other Press, 1999, p. 120.

着的个体的强固框架,这个框架以其僵硬的结构将影响整个精神发展。由此,从内在世界到外在世界的循环的打破,导致了对自我验证的无穷化解"。① 但是,这种镜像阶段的悲剧却是无法避免的。"镜像期,就其实际上形成了我的功能来说,它说明我、自我,是一个想象盲目的地方,是一个骗局。它是妄想症与所有幻见形成的源泉。"② 那么,镜像期推导出了一个真正的问题,即在镜像阶段这一出结构戏剧中,受确认诱惑的主体与虚幻性的自我之间存在的不可化约的否定性关系,这使拉康必须就精神分析学的真正对象在两者之间做出选择。

三、自我与主体的关系

在拉康的理论中,"自我是自由与自治性的幻觉的奴隶"。③ 它并不是精神分析的对象,那么,作为精神分析对象的主体是什么呢?它与自我有什么关系呢?实际上,主体问题在拉康的理论中始终处于重要的角色,其内涵也随着拉康理论的发展而不断改变。早些时候"在拉康的战前论文中,主体这个词汇所带有的意涵与人类相去不远"④;到了1945年,拉康主要关注的"人格主体,他的独特性是透过自我肯定的行动所构成"⑤;20世纪50年代中期,他又区分了陈述主体与阐述主体;20世纪60年代他又将主体界定为"语言的效应"……而为

---

① [法]拉康:《拉康选集》,褚孝泉译,上海三联书店2001年版,第93页。
② Slavoj Zizek ed. *Jacques Lacan*:*Critical Evaluations in Cultural Theory*(*VolumeII Philosophy*). London and New York:Routledge,2003. p. 3
③ Ellie Ragland. *Essays on the Pleasures of Death*:*From Freud to Lacan*. New York:Routledge,1995. p. 41.
④ [英]狄伦·伊凡斯:《拉冈精神分析辞汇》,刘纪蕙、廖朝阳、黄宗慧、龚卓军译,台湾:巨流图书股份有限公司2009年版,第328页。
⑤ 同上。

了区分自我与主体的关系，拉康在第二期的研讨班中引入了著名的L图示，他以此来说明"自我与他者，语言和言语"的关系，并表明"符号的关系（在大他者与主体之间）永远会被想象层的轴线（在自我与镜像之间）阻隔到一定程度"。① 而此时拉康的主体，已经明确规定为无意识的主体。

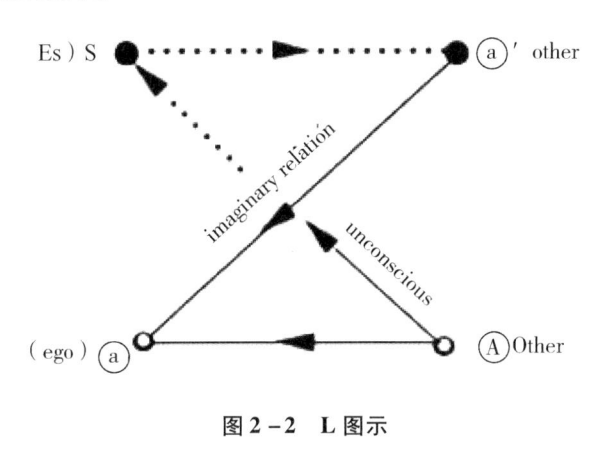

图 2-2　L 图示

"L 图示"里（如图 2-2 所示），左下角的 a 代表主体看到自己的位置，也就是他拥有自我的地方。右上角的 a′代表他者所处于的位置，也就是他的人类同胞所在的地方。由于"这种形式的他者与自我有着很亲密的关系，它可以叠加到自我之上，因此被写作了 a′"②。这种亲密的关系体现在，这种他者的形式实际是儿童自我的原型向外的投射。因此二者之间是一种想象性关系，而这种想象性关系，正是通过镜像阶段以及自我的功能形成的。左上角的 S 代表主体的位置，拉康

---

① [英] 狄伦·伊凡斯：《拉冈精神分析辞汇》，刘纪蕙，廖朝阳，黄宗慧，龚卓军译，台湾：巨流图书股份有限公司 2009 年版，第 286 页。
② Jacques Lacan. *The Seminar of Jacques Lacan: Book II, The Ego in Freud's Theory and in the Technique of Psychoanalysis* 1954—1955. New York and London: W·W·Norton & Company, 1988. p. 244.

特别指出这个主体不是完全主体，而是一个开放的主体，他不知道自己在说什么。右下角的 A 代表大他者的位置，二者之间是符号的关系，是通过无意识的语言得以建构的，而这种关系却被自我与小他者之间的想象关系所拦截，使得大他者的话语无法直接到达主体的位置。因此，这种自我与小他者的对称关系中间，便是拉康光学模型中平面镜的发展演化，是被拉康称为"语言之墙"的东西。因此，主体事实是在对大他者说话，但大他者位于"语言之墙的另一边，而且从原则上说我从未到达他们。从根本上说，我每次发出的真言都朝向他们，但我只能通过反射到达 a′"。① 这里的"我"是指主体，主体的真言朝向大他者却从未抵达过，只能透过语言之墙的反射到达小他者。拉康揭示了主体与大他者被语言之墙分离开的状态，也就为主体和自我划开了明确的界限。

拉康极力强调："自我不能被等同于人类主体"，② 并且他从弗洛伊德的论述中找到了这一根本性的区分，"事实上，当弗洛伊德写出自我与本我时，他是在保持一种基本的区别，即无意识的主体与自我，其中，自我在其内核是由一系列异化的认同构成的"。③ 二者一个位于想象界，一个位于符号界，它们之间有一个根本性的分裂。"我并不是主体，并且在镜像期发现的机制，这种盲点，这种再认，从本质上

---

① Jacques Lacan. *The Seminar of Jacques Lacan*：Book II，*The Ego in Freud's Theory and in the Technique of Psychoanalysis*1954—1955. New York and London：W·W·Norton & Company，1988. p. 244.

② Richard Boothby. *Death and Desire*：*Psychoanalytic Theory in Lacan's return to Freud*. New York and London：Routledge，1991. p. 36.

③ Bruce Fink. *The Lacanian Subject*：*Between Language and Jouissance*. Princeton：Princeton University Press，1996. p. 43.

就是误认,当定义我的功能时,完全不能将它应用到主体的功能上去。"① 此处的盲点,就是指镜像阶段中符号的"我"(即主体)与想象的理想"我"(即自我)之间的结点,它使得人们盲目,以此来保护他们远离自身匮乏的真相。尽管自我是想象性的,但是它对于人类来说却是必不可少的,无论是在常态中,还是在妄想、精神分裂中,自我都发挥着不同的作用。因此,对自我在临床类别中不同作用的研究将有助于精神分析的治疗。而"语言的结构为我们提供了一条研究自我功能的线索"。② 在第三期关于精神病的研讨班中,拉康对精神病例的分析就是从语言入手进行的。在那里,拉康"将一个分裂的,挫败的,半妄想式的自我放置在了语言的表面上",③,并且通过语言去研究自我发挥的不同功能。

在瓦隆最初设计的镜像实验中,并没有承担拉康式的人类本体论层面的理论要求。拉康的镜像阶段,带有强烈的结构主义理论色彩,他恰恰要摆脱个体心理学的局限。有的心理学家通过重新做镜像实验试图将拉康理论证伪,并不能攻击到要害。在拉康这里,镜像阶段于是成为一出结构主体匮乏状态与想象性统一状态的戏剧,在这个戏剧中,主体的状态是拉康关注的重点。拉康借镜像阶段划分出了自我与主体的两极对立,将自我归结为一种具有虚幻性的误认,而将精神分析的对象锁定在了无意识主体之上。拉康的"倒置的花瓶"的光学模型和"L图示",其实并不是实证性科学意义上的,而是"具体化数元"意义上的,也就是他后期所热衷的代数公式、拓扑学的描述方

---

① Slavoj Zizek ed. *Jacques Lacan*:*Critical Evaluations in Cultural Theory*(VolumeII Philosophy). London and New York:Routledge,2003. p. 3
② Jacques Lacan. *Some Reflections on the Ego.* www. nosubject. com,2006.
③ Ellie Ragland. *Essays on the Pleasures of Death*:*From Freud to Lacan.* New York:Routledge,1995. p. 40.

式。总而言之，用拉康自己的话来说，"镜像阶段是'我'的想像性建构及其为了主体出现的异化功能的具体化数元"。① 由于自我是建立在想象性关系上的，因此，从一开始，"镜像阶段将自我的建构锁定在了一种虚构和自我欺骗的维度上，这就会对主体的发展和随后的存在产生一种异化效果"。② 在某种程度上，拉康抓住主体作为精神分析的对象，是意识到主体与自我的辩证性结构运动的必然选择，镜像阶段可以说是描述这个结构的一个方式。可以说，抓住这个处于符号界的无意识主体的构成方式，就能把握住拉康理论展开的整个脉络。

第二节　菲勒斯的戏剧：从想象界到符号界

通过镜像阶段完成对自身的认同之后，主体便面临着从想象界到符号界的转换。根据拉康的理论，主体的"在"（être）意味着主体必须在大他者中找到自己的位置，以获得在符号界的铭记，这是常态心理发展的必要步骤。而在这个过渡中，俄狄浦斯情结便是其通道。俄狄浦斯情结是精神分析的重要概念之一，也是精神病理学的主要参照基准。弗洛伊德曾对它进行了细致的探讨："俄狄浦斯情结是一套主体所经验的与父母关系中牵涉爱与敌意的无意识欲望"。③ 在其正向形式中，表现为主体对与自己异性一方父母的性欲望，而对作为想象中

---

① Dany Nobus. *Key Concepts of Lacanian Psychoanalysis*. New York: Other Press, 1999, p. 105.
② Samuel Weber (translated by Michael Levine.). *Return to Freud: Jacques Lacan's Dislocation of Psychoanalysis*. Amsterdam: John Benjamins Publishing Company, 1992. p. 13
③ ［英］狄伦·伊凡斯：《拉冈精神分析辞汇》，刘纪蕙，廖朝阳，黄宗慧，龚卓军译，台湾：巨流图书股份有限公司2009年版，第214页。

竞争者的同性方父母则充满了敌意。在其负向形式中，这种与父母的关系恰好相反。同时，弗洛伊德还主张："所有的心理病理结构都可以追溯至俄狄浦斯情结的运作失调"。① 这些观点被拉康所继承发展，他结合了不同的临床经验做了进一步探讨。

与弗洛伊德不同的是，从20世纪50年代开始，拉康发展出了自己针对俄狄浦斯情结独特的理论观点，他再一次用结构语言学的方法阐释了俄狄浦斯情结，将俄狄浦斯情结与能指、隐喻等概念联系起来，扩展了它基本的心理学内涵。在1955—1956年第三期关于精神病的研讨班中，拉康首先指出，俄狄浦斯情结是从想象界进入符号界的通道，是符号关系的征服。在此意义上，俄狄浦斯情结成为了一出动态的结构戏剧，通过这一结构，主体才得以从镜像期的二元关系中走出来，进入具有主体间性和辩证性的新维度中，而俄狄浦斯情结直接决定了主体发展的常态或异态。但是，在通过俄狄浦斯情结之后，主体所要面对的另一问题便是性别问题，正如狄伦·伊凡斯所认为的："朝向符号层的通道必须经由具有性别辩证关系的情结，这意味着主体无法不面对性别差异之问题而进入符号层"。② 也就是说，主体要想真正在符号界被铭记，既要穿过从想象界到符号界的通道，又要在符号界找到自身的性别位置。贯穿这一系列过程的是一个变化的菲勒斯。俄狄浦斯情结的展开以想象菲勒斯为中心，而性别差异则以菲勒斯能指为主轴。因此，从想象菲勒斯如何转化到能指菲勒斯，是把握拉康的主体完成从想象界到符号界过渡的关键线索。这出始终围绕着菲勒斯

---

① ［英］狄伦·伊凡斯：《拉冈精神分析辞汇》，刘纪蕙，廖朝阳，黄宗慧，龚卓军译，台湾：巨流图书股份有限公司2009年版，第215页。
② ［英］狄伦·伊凡斯：《拉冈精神分析辞汇》，刘纪蕙，廖朝阳，黄宗慧，龚卓军译，台湾：巨流图书股份有限公司2009年版，第216页。

（想象菲勒斯或菲勒斯能指）的戏剧，前半出的剧本着重与镜像阶段和俄狄浦斯情结相关联，后半出剧本则侧重在父性隐喻和性别获得。

一、以想象菲勒斯为中心的俄狄浦斯情结

在第五期关于无意识形成的讨论班中，拉康分两节（1958.1.15与1958.1.22）讨论了父性隐喻与俄狄浦斯情结。在这个过程中，他创造性地将二者联系起来，由此，俄狄浦斯情结中的父亲便主要通过父性隐喻的机制而作为能指发挥作用。为了详细说明父亲这一能指是如何具体发挥作用的，拉康区分了俄狄浦斯情结的三个不同阶段。

第一阶段被称为前俄狄浦斯阶段。在经历了镜像期的认同之后，主体还处在与母亲的二元关系之中，只有进入俄狄浦斯阶段才能与母亲、菲勒斯构成三元关系。在此首先需提到拉康对需要（besoin）、要求（demande）与欲望（désir）三者的区分。需要是生理性的，而要求是对于爱的要求，比如儿童在吃饱后仍然希望母亲在场，就是出于爱的要求，欲望则是从要求中减去需要。拉康对欲望的描述借鉴了科耶夫的理论，科耶夫在推进黑格尔思想的基础上，提出"欲望之所以为欲望就在于它永远处于一种未被满足的状态，欲望所指向的是一种匮乏"[①]。拉康也将欲望看作是与缺失密切相关且无法满足的。作为已经被符号秩序阉割而有所缺失的母亲主体，她欲望的对象便是能填补她缺失的菲勒斯。由于母亲欲望着菲勒斯，加上主体在这一阶段同母亲处于一种未分化的混沌状态，因此，"儿童试图认同于他所认为是

[①] 崔唯航：《穿透"我思"对科耶夫欲望理论的存在论研究》，中国社会科学出版社2014年版，第131页。

母亲欲望的对象"① 来满足母亲的欲望，以期待获得她全部的爱。而母亲出于欲望能被满足的幻见，也将儿童看作是能满足她欲望的对象。这一时期，儿童的欲望屈服于母亲的欲望，对于他来说，成为或不成为菲勒斯是他面对的重大选择。在这个"初始的前菲勒斯阶段"②中，母亲、儿童与想象的菲勒斯构成了一种三元关系。之所以说是想象的菲勒斯（拉康用小写的 φ 来表示），是由于儿童想象自己在认同菲勒斯后能满足母亲的欲望，母亲也假设儿童拥有菲勒斯，这是一种建立在想象之上的三元关系，如图 2-3 所示：

图 2-3　前俄狄浦斯阶段的三元关系图

第二阶段，父亲以一种剥夺的方式介入到了母、子、菲勒斯的三元关系，在关系的重新融合中发挥着引导性作用。这种引导首先体现在想象的层面，父亲剥夺了母亲欲望的菲勒斯对象，他以一种禁令的方式宣告了母亲不能将儿童当作其欲望对象。之所以说是想象的层面，是由于作为已被父法阉割的主体，这种乱伦律法其实早已穿透了母亲的每一部分，她是遵守父法的主体，而父亲作为父法的支持者，

---

① Joël Dor, Judith Feher Gurewich. Introduction to the Reading of Lacan: The Unconscious Structured like a Language. Canada: Other Press, 1998. p. 96.
② Jacques Lacan (translated by Cormac Gallagher). The Seminar of Jacques Lacan: Book V, The Formations of the Unconscious 1957—1958. www.lacaninireland.com. p. 137.

只是通过语言传达了这一乱伦禁忌。因此,在弗洛伊德那里,父亲作为乱伦禁令的执行者可以从根本上阻止母子乱伦的发生。但在拉康的理论中,这种乱伦在发生前已经是不可能的,因为母亲的无意识中已有乱伦禁忌的深刻铭记,这是她作为主体"在"的必要条件。在这个过程里,儿童将父亲的介入看作阻碍,认为是父亲的介入打破了母子间的统一关系,父亲的在场被儿童体验为禁令和挫折。

这里有必要区分父亲的三种不同铭记,即挫折(frustration)、剥夺(privation)和阉割(castration)。因为正是依靠这三种不同铭记的结合,才催化了作为"阉割的父亲的基本功能"①。拉康将挫折、剥夺和阉割视为对象缺失的三种不同类型。挫折关乎儿童要求的被拒绝,儿童在满足其生理需要之后,仍会要求母亲的在场,此时母亲的缺席就会被儿童体验为挫折。所以在挫折中,"缺失是以想象性伤害的形式"② 发生的,而挫折的对象却是真实的。最常见的挫折就是断奶,尽管缺失是一种想象性伤害,然而作为挫折对象的乳房是真实的。具体到俄狄浦斯情结中,就是父亲的介入宣告了母子间关系的禁忌,他禁止了母子互相将彼此当作欲望的对象。这种介入就被儿童体验为挫折,它被拉康定义为一个关乎真实对象的想象性行动。对于这一阶段的儿童来说,这个真实对象就是母亲。

缺失被拉康命名为"实在中的洞"。③ 然而,"在实在界,没有什么东西是缺失的,缺失的唯一东西只能是纯粹符号之物"④。这是由于

---

① Joël Dor, Judith Feher Gurewich. *Introduction to the Reading of Lacan: The Unconscious Structured like a Language.* Canada: Other Press, 1998. p. 101.
② Ibid.
③ Joël Dor, Judith Feher Gurewich. *Introduction to the Reading of Lacan: The Unconscious Structured like a Language.* Canada: Other Press, 1998. p. 101.
④ Huguette Glowinski, Zita M. Marks, Sara Murphy. *A Compendium of Lacanian Terms.* London: Free Association Books, 2001. p. 46.

实在界是符号所无法抵达之处,它自身是完整的,因此如果要说某物不在实在界,就意味着要预设某物应该在的观念。这种缺失,便是某物(这里指菲勒斯能指)应该在而实际不在所留下的一个实在界空洞。尽管缺失是真实的,剥夺的对象却是一个符号客体,"剥夺的观念……预设了对象在实在界中被符号化"①。具体到俄狄浦斯情结,剥夺的对象就是作为符号能指的菲勒斯,而剥夺的执行者则是父亲(一方面,他要求儿童放弃菲勒斯认同,放弃成为母亲欲望的对象;另一方面,他阻止了母亲把儿童假想为菲勒斯,要求母亲放弃儿童作为能满足自己欲望的代理)。欲望是依靠能指的转喻运行的,对于母亲来说,父亲禁止的是她将儿童看作自己欲望能指链上的锚定点。因此,在剥夺中,缺失是真实的,剥夺的对象是作为能指的菲勒斯,而在阉割中,缺失是符号性的,阉割的对象则是想象的菲勒斯。阉割是在俄狄浦斯情结的第三阶段发生,这一阶段也意味着俄狄浦斯情结的解除。

第三阶段,是决定主体发展成为常态或异态的重要步骤。第二阶段中的父亲,是作为父法的支持者而介入到母子关系的,第三阶段的父亲则必须作为菲勒斯的拥有者产生作用。在这个阶段的父亲,是全能的父亲,是能满足母亲欲望的化身。因此,对于儿童来说,这一阶段的父亲已经不是同自己竞争母亲的对手,而是起着榜样式的作用。儿童只有认同于父亲才有可能获得父亲的权利,才有可能拥有能满足欲望的菲勒斯。但是,认同于父亲意味着接受父法的阉割,这种阉割中的缺失是符号性的,被拉康称为"符号性债务"。拉康之所以用$(-\varphi)$来表示阉割,是因为阉割的对象是想象的菲勒斯,这意味着儿童必须放弃假定自己拥有菲勒斯的想法并认同父亲,以便能接近菲勒

---

① [英]狄伦·伊凡斯:《拉冈精神分析辞汇》,刘纪蕙,廖朝阳,黄宗慧,龚卓军译,台湾:巨流图书股份有限公司2009年版,第252页。

斯能指。也就是说，阉割就是一种认识到自身之缺失性的能力，而这种缺失与人类的早产密切相关。这是走出俄狄浦斯情结最有利的办法，是儿童走向符号界的唯一通道。这一阶段的关系如图2-4所示，可以看出，俄狄浦斯情结的发展都是与想象菲勒斯密切相关的。随着父亲的介入，儿童摆脱了与母亲、菲勒斯构成的虚线的三元关系，转而认同想象菲勒斯的拥有者父亲，并形成稳定的三元关系。

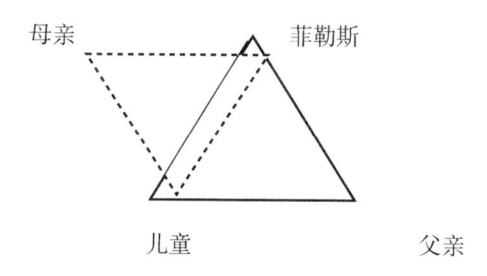

图2-4 俄狄浦斯阶段的三元关系图

二、菲勒斯能指的意指效果：父性隐喻

父之名始终是拉康理论体系中的一个重大概念，其内涵也在不断地丰富。拉康曾在1963年计划用一年时间展开以父之名为主题的研讨班，这个计划却由于被迫离开讲座场地圣安娜医院而中止。直到1973—1974年，他的父之名主题研讨班才得以开展。

20世纪50年代初期，"父之名"（Nom-du-Père）在拉康理论中主要指父亲在俄狄浦斯情结中的作用，即作为父法的支持者、乱伦禁忌的宣告者。此时的父亲主要作为符号父亲产生作用，尽管这种功能只能体现在某个人身上，但是其符号象征是最首要的。拉康说："我们必须将父之名视为这个象征（符号）功能的承载。从远古开始，这个功能就将父亲本身与法律等同。"① 这里不得不提到弗洛伊德关于父亲功能描述的一个矛盾。在讨论俄狄浦斯情结时，弗洛伊德将父亲的功能界定为乱伦禁忌的执行者，他是作为遵守父法并且向儿童传递父法的主体发挥作用的。然而在《图腾与禁忌》中，弗洛伊德又指出，原始部落里的原父是父法的例外者，即他自己可以免于父法。这样的父亲是一个性的贪婪者，他不受乱伦禁忌束缚而可以享受与多名异性的性关系，同时可以向其他人颁布律法。即使最后他被儿子杀死，他颁布的禁令也并未消失，相反，这种禁令的力量却愈发强大。弗洛伊德对父亲功能描述的矛盾即体现于这两种不同的情况。而拉康通过对弗洛伊德理论的改造，很好地解决了这一矛盾。在拉康看来，弗洛伊德《图腾与禁忌》中死去的原父对应的是他此阶段的符号父亲。这一阶段的父亲是以他在符号界的权力而发挥作用的，并不一定要在场。

在第三期讨论精神病的研讨班（1955—1956）上，"父之名"已经演变成了大写的"Name-of-the-Father"，此时父之名的意义也有了进一步延伸。"这样的父之名是一个基础表记（能指）。没有它，表义过程就不能如常进行。基础表记（能指）赋予主体认同，为主体命名，让主体在符号层（界）中取得地位。"② 随后，拉康结合一系列临床案例，提出父之名能指的拒斥会引发精神病。这一阶段拉康的父之名概念只是一个纯粹的能指，因为它并没有什么相关物。

在随后第五期关于无意识形成的研讨班（1957—1958）上，拉康将父之名这个能指与自己的隐喻公式结合起来，提出了著名的父性隐喻。因此，俄狄浦斯情结真正变成了一个动态结构的过程即由一个能

---

① ［法］拉康：《拉康选集》，褚孝泉译，上海三联书店 2001 年版，第 289 页。
② ［英］狄伦·伊凡斯：《拉冈精神分析辞汇》，刘纪蕙、廖朝阳、黄宗慧、龚卓军译，台湾：巨流图书股份有限公司 2009 年版，第 201 页。

指替代另一个能指而产生菲勒斯能指的意义。与父之名能指相结合的是拉康的第二个隐喻公式是：

$$\frac{S}{S'} \cdot \frac{S'}{x} \to S\left(\frac{1}{s}\right)$$

在这个公式中，大写的 S 是能指，x 是未知的意义，小写的 s 是所指。隐喻过程由能指的替换形成，因此用划掉的斜线来表示能指 S' 的排除，这是隐喻成功的条件。将这个隐喻公式与父之名能指相结合，就会得到以下算式：

$$\frac{\text{Name – of – the – Father}}{\text{Desire of the Mother}} \cdot \frac{\text{Desire of the Mother}}{\text{Signified to the subject}} \to$$

$$\text{Name – of the – Father}\left(\frac{O}{\text{phallus}}\right)$$

因此，俄狄浦斯情结的运作就是通过一个能指替代另一个能指来进行的。父之名的能指替代了母亲的欲望，于是母亲的欲望只能被划掉、被压抑，X 表示母亲所想要的还有其他东西，这是在母子关系中的未知数，因为欲望是永远无法满足的，母亲所欲望的永远在别处。通过能指的替换，作为能指菲勒斯（拉康用大写的 Φ 来表示）的意义就被父之名这个能指唤起了。"但是父之名的意指过程是包含一个在能指场域失落的能指，即在大他者中缺失的能指，因此，拉康将隐喻公式中的 1 写作了大他者。"[①] 占据 1 的位置的就是 Other（算式中的 O）。结合拉康后期的理论来看，菲勒斯正是那个在大他者中缺失的能指。俄狄浦斯情结的结束便是以父之名能指取代母亲的欲望，主体将成为母亲的欲望的念头压抑下去，在接受符号阉割的同时获得菲勒斯

---

① Richard Feldstein, Bruce Fink, Maire Jannus. *Reading Seminar XI: Lacan's Four Fundamental Concepts of Psychoanalysis.* New York: State University of New York Press, 1995. p. 70.

能指的意义。"能满足母亲欲望的菲勒斯，通过父性隐喻的运作被转换成了一个能指，即母亲的能指被父性能指所取代，同时，这个过程会产生一个意义，即菲勒斯的意义。"①

此外，在俄狄浦斯情结的运作中，主体对父亲的爱也是不可或缺的因素。因为它与对父亲的认同密切相关，与自我理想的获得密切相关。拉康结合主体、三界（想象界、符号界、实在界）与父性隐喻的关系，在《论精神错乱的一切可能疗法的一个先决问题》一文中绘制了图 2-5 的 R 图示：

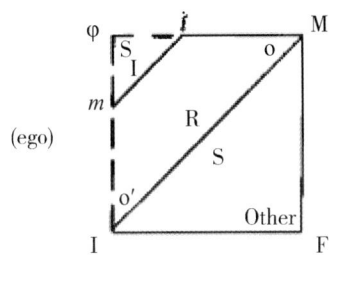

图 2-5　R 图示

R 图示由大小两个三角形加上它们之间的四边形构成，其中，由 φmi 三点构成的小三角形 I 代表想象界，四边形 miMI 代表实在界 R，由 MIF 三点构成的大三角形 S 则代表符号界。实际上，三界的关系并非如图所示那般的界限分明，它们是重叠的拓扑结构，实在界 R 其实是符号界 S 作用于想象界 I 的剩余，代表未被符号化的部分。

先看小三角形 I。在想象界中，φ 代表菲勒斯；S_1 代表菲勒斯之下的主体；i 表示镜面形象或身体形象；m 表示自我（i 和 m 都是自恋关系的两项）。由于这一阶段的主体还未接受父法阉割，尚处于前俄狄

---

① Russell Grigg. *Lacan，Language，and Philosophy*. Albany：State University of New York Press，2008. p. 31.

浦斯阶段，他要试图通过认同想象的菲勒斯来成为母亲欲望的对象，因此，以菲勒斯为中心的图示 R 就起源于这样的二元母子关系。通过镜像期，主体可以获得假想的自己身体形象的一致性，并且在此虚构的基础上建立起关于具有自明性的自我概念。因此，这三项便构成了想象三角的三个顶点。

再看大三角形 S。俄狄浦斯情结阶段的继续发展就是父亲的介入。在代表符号界的 S 三角形中，F 表示位于大他者之中的父之名能指；M 表示母亲，亦即原初失落的对象（因为父亲的介入意味着儿童要放弃成为母亲欲望的对象，因此母亲只能作为原初失落的对象而存在）；I 代表自我理想。这意味着作为大他者中的父之名能指，通过父性隐喻引入了符号界维度，主体只有认同父亲才能获得符号界的铭记，这种认同的结果就是主体将父亲的形象当作了自我理想。

在两个三元组中间，拉康放置了一个四边形代表实在界，从它纯粹的形式来看，在符号框架内，它是具有严格的边界的。一方面是由代表语言之墙的 o – o′ 划定的，另一方面是由自恋关系的两项 m – i 界定的。在 i 和 M 之间，可以放置一系列想象的对象形象作为原初失落对象的影子，比如乳房、粪便等，这些形象里包含着色情和侵凌性关系。而在 e 和 I 之间，也可以放置一系列他人的形象，在这些他人形象中，自我通过不断投射与认同，最终"从它的镜面的原型一直进行到自我理想的父亲的认同"。[①]

三、菲勒斯能指与性别获得

俄狄浦斯的结构预设了从想象的菲勒斯（φ）到菲勒斯能指（Φ）

[①] ［法］拉康：《拉康选集》，褚孝泉译，上海三联书店 2001 年版，第 486–487 页。

的转化。俄狄浦斯情结以想象的菲勒斯为中心,其结束与父法的阉割有关,即主体必须接受父法阉割,放弃想象的菲勒斯,以在符号界获得一个位置,从而获得自身的"在"(être)。而能指菲勒斯则和性别差异有关,不过并非是生物解剖学意义上的性别,而是指心理上的阳性/阴性的对立。主体获得哪一方的性别,是由主体在对待菲勒斯能指时采取的不同位置决定的。

菲勒斯这个术语最早是被弗洛伊德使用的,然而在弗洛伊德的著作中,它更多是被当作形容词用在"菲勒斯阶段"的概念中。菲勒斯阶段用来指俄狄浦斯情结的终结以及主体性成熟前的发展阶段。弗洛伊德的著作中已经隐含着将菲勒斯与阳具区分开来的逻辑,以避免菲勒斯陷入生理意义。拉康更是明确划分了二者的区别,将精神分析的侧重点放在具有符号象征的菲勒斯上,并且为了规避生物主义而自觉排除了作为人体性器官的阳具。

菲勒斯作为拉康理论中的一个重要概念,在他整个理论体系中都起着奠基性作用。菲勒斯能指和大他者中其他能指有着根本性的区别。本来,能指是凭借和其他能指的差异而发生作用的,每个能指都预设了其对立项的不在场,比如能指"白"就预设了能指"黑"的不在场。大他者正是能指依靠差异性发挥作用的场所。(直到1970年后,拉康提出了大他者的另一面,即建立在女性原乐之上无法被能指化的方面。)然而,菲勒斯能指有所不同,拉康说:"菲勒斯是一个没有对应值,没有对等物的符号,它是一个非对称性的能指。"[①] 这就意味着它与大他者的关系不是简单的被包含关系,而是特殊的"外存在"(ex-sist)关系,它是大他者中那个欠缺的能指。这种看法与拉康的

---

① Jacques Lacan. *The Seminar of Jacques Lacan*: Book Ⅲ, *The Psychoses* 1955—1956. New York and London: W·W·Norton & Company, 1993. p/176.

拉康精神分析学的能指问题　>>>

一个理论预设有关,即关于和谐的观念是一种幻见。在第二十期研讨班中,拉康指出,这种和谐的观念至少可追溯至柏拉图的《会饮篇》,其中阿里斯托芬将人类看作是无所欠缺的球形完满存在,但被宙斯一分为二,每人都想回归原初的完整状态,而爱却可以弥补这种分裂,并且使得和谐被再次获得。然而,拉康却是从根本上否定这种和谐观的,人类的出生就意味着和谐的失落(从母子一体的和谐状态中脱离)。因此,人的存在本身就是有所欠缺的,而那种失落的和谐只能通过想象的幻见来获得。中心外周界限分明的空间也是不可能的,他在第二十期研讨班指出,如果一个星球是朝向一个空洞运动的话,那么就不能简单地将它的运动描述为旋转或循环,而是像牛顿命名的一样,称为"陨落"(fall)。这就暗含了拉康的去中心化逻辑,这种逻辑最明显的体现就是不自知的主体,是思(thinking)与在(being)的矛盾,是只能二选一的逻辑命题。而这种去中心化的逻辑,必然预设了有所欠缺的本体论前提。拉康在此又借鉴了海德格尔的思想,指出了存在的中心是外在于自身的,是离中心的。在镜像期,主体是要通过认同于外在于自身的镜像来获得自身完整性的。而菲勒斯与大他者就构成这样的外存在关系,它恰恰是大他者中那个空洞,是大他者中欠缺的能指,是游离于大他者之外的能指,因此是没有对称项的。有学者概括道:"拉康选择菲勒斯这个术语来指代我们对完整性的期望。但是矛盾地,菲勒斯指代的是完整的反面——欠缺。"[1]

菲勒斯能指与主体性别的获得密切相关。它就像是一个枢纽,标志着从想象界到符号界的通道,而只有走出想象界进入到符号界,才

---

[1] Jean–Michel Rabaté ed. *The Cambridge Companion to Lacan*. New York: Cambridge University Press, 2003. p. 226.

可能获得性别位置:"男人和女人只不过是代表这两种主体位置的符号,"① 生物学或解剖学是无法影响性别位置的。因此可以说,主体对待菲勒斯能指的态度,直接决定了其在符号层中被铭记的位置,而只有在符号层中被铭记,主体才能获得自身的"在"。因此,性别是主体在进入符号层所必须面对的问题。在第二十期研讨班《更进一步》中,拉康绘制了一个性别差异图解(如图 2-6)来说明这种关系:

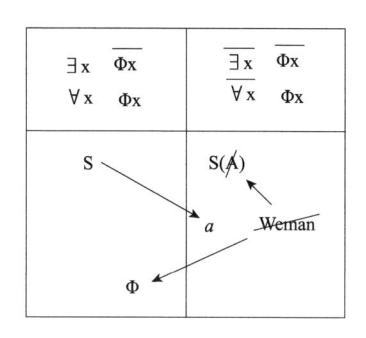

图 2-6 性别差异图解

结合 20 世纪 70 年代拉康的思想发展来看,他开始逐渐放弃结构语言学作为精神分析的方法论工具,而是转向了他认为更具形式化的数学和拓扑学作为方法论工具。同时,他的侧重点也逐渐转移到无法被彻底符号化的实在界,转移到女性原乐上来。因此,这一性别差异图解采用了众多逻辑学的字母与符号,左边的结构表示男人,右边的结构表示女人。

在左上方的男性结构中,小写的 x 代表自变量,拉康在此改造了弗雷格的函数 $\int(x)$,将代表函数运算的 $\int$ 转换成一系列逻辑量词。其中 ∃ 是存在量词,意思是"存在着",∀ 是全称量词,是"全部、

---

① Jacques lacan (translated by Bruce Fink). *The Seminar of Jacques Lacan*: Book XX, *Encore*1972—1973. New York and London: W·W·Norton & Company, 1998. p. 34.

所有"的意思，Φ 代表菲勒斯能指，上方的横线代表否定。在此，将主体带入自变量 x，就可以得到如下结论，∀xΦx 意味着对于所有的男人来说，菲勒斯功能都是有效的。这里的菲勒斯功能，也就是指在父性隐喻中主体经历父法阉割后所获得的意义，换句话说，所有的男人都要接受符号律法的阉割。∃x$\overline{\Phi x}$则表示，存在着一些拒斥菲勒斯功能的主体。这里对应的这个例外，就是弗洛伊德意义上的"原父"，只有他可以不接受父法的阉割，但其实这个原父最后是被儿子杀死了。在拉康看来，这种"例外"其实是一种欠缺，是一种缺席，正是它的不在场保证了菲勒斯功能对所有男人的有效性。

在右上方的女性结构中，$\overline{\forall x}$Φx 表示菲勒斯功能并不是对所有女人都有效的，∃x$\overline{\Phi x}$则意味着不存在一些女人让菲勒斯功能对其完全失效。这合起来是说，女人并非全部都是接受父法阉割的（总有剩余的东西），但每个女人至少有一部分是接受父法阉割而被符号化的。

因此，在左下方的结构中，男人一旦接受了符号的阉割，菲勒斯能指 Φ 的功能一旦生效，便成为了被语言切割的主体，成为了被语言说的主体，被能指所充斥的无意识主体 S。他不知道自己要什么，只能被作为欲望之因的对象 a 牵制着走上一条不断寻求满足欲望的客体的道路，在能指的缝隙中"在"。而女人由于并非全部遵从父法阉割，因此无法在符号界获得完全的铭记，也就是说，在大他者中是没有能表示女人位置的能指的。S（$\bar{A}$）指的是大他者中女人能指的失落，因此，被划斜线的 Woman 就说明了女人并不是整体的，并不是完全"在"符号层中的，而对象 a 由于是占据了实在界中空洞的位置，因此也不完全属于符号界，这样就导致了性别结构的不对称。男人是全部铭记在符号界中的，而女人则是有一些铭记在符号界中的。这种性别结构的非对称性，导致了男女之间关系的非互补性，这就导致二者无法实现和谐一致。因此，拉康意义上"男女间和谐的性关系并不存在"，是基于二者性别结构的差异来说的，而非就生物学层面而言的。

四、结语

然而，作为拉康理论基石之一的菲勒斯概念，也受到了多方面的批评与质疑。有些女性主义者（如克洛兹、伊利格瑞等）认为，拉康赋予菲勒斯以优先性地位，其本质就是在重复弗洛伊德的男权中心主义，而忽视了女性的地位。但实际上，拉康理论中的性别，从来就不是指生物解剖意义上的，而是一种心理上的性别位置，许多有着男性生理机构的主体可能会采取女性的性别位置，也有很多有着女性生理结构的主体会认同男性性别位置。这种批判混淆了拉康的性别概念与生物解剖学上的性别概念。

另一种广受瞩目的批评来自德里达。在《真相的制造者》一文中，德里达指出："整个的菲勒斯中心主义，都是以一种确定的情况作为出发点来表述的，这个位置就是，由于母亲没有菲勒斯，所以菲勒斯是母亲的欲望。在这种情况下，才发展出了被称为性别理论的东西。在这个理论中，菲勒斯不是器官，即阳具或阴蒂，但是，在很大程度上，它却首先象征着阳具。"[①] 简而言之，在德里达看来，既然菲勒斯作为能指应该是无所指涉的，但它实际上却将阳具当作了指涉物。尤其是拉康在《菲勒斯的意义》中指出："临床表明并不是由于主体在那儿知道了自己有或没有一个菲勒斯而成为决定性的，而是由

---

① Jacques Derrida. *The Purveyor of Truth. Yale French Studies*. No. 52, Graphesis: Perspectives in Literature and Philosophy, 1975.

于主体知道了母亲没有菲勒斯而成为决定性的。"① 这似乎就说明，这种菲勒斯的指涉性是不可避免的，明确母亲没有阳具的事实是必要的。但是，在拉康的理论中，能指对外物的参照指涉从一开始就是被排除的，这里最重要的是认识到差异，是涉及"有或无"的对比。正如学者芭芭拉·乔森所解释的："菲勒斯是作为性征差异的记号，而不是作为这个或那个器官在场或不在场的记号"。②在此，表示差异是菲勒斯最主要的方面。另外，德里达认为，菲勒斯作为具有优先性的能指，再度设立了"在场"的形而上学，因为菲勒斯保证了逻各斯（语言）与欲望同在，再度形成了德里达所批判的逻各斯（语言）中心主义。但事实上，拉康对菲勒斯的表述更为复杂。他在《菲勒斯的意义》中指出："无论如何，人不能企求成为完全，只要他在行施他的功能时必有的移位和集中的变化标志出了他的主体与能指的关系了，他就不能这样地企求。男根（菲勒斯）是这个标志的优先的能指，在这个标志中逻各斯的部分与欲望的出现结合到了一起。"③ 这就首先涉及主体与能指的关系问题，拉康将能指定义为向另一个能指代表主体的东西，二者的关系是相当复杂的，芭芭拉·乔森将这种关系称为"共纠缠的"，也就是既不能将它们完全分开，也不能将它们彻底混合，而菲勒斯所表示的便是这样一种语言与欲望间的共纠缠关系。

因此，更确切地说，菲勒斯所表示的是一种关系结构，是语言与欲望彼此交织纠缠的关系，若要强行将二者分开，用二元对立的眼光看待语言与欲望，从而批判拉康预设了逻各斯的在场，是不符合拉康

---

① [法] 拉康：《拉康选集》，褚孝泉译，上海三联书店2001年版，第597页。
② Barbara Johnson. *The Frame of Reference*: *Poe*, *Lacan*, *Derrida*. Yale French Studies, No. 55/56, Literature and Psychoanalysis. The Question of Reading: Otherwise, 1977.
③ [法] 拉康：《拉康选集》，褚孝泉译，上海三联书店2001年版，第595页。

理论构想的。芭芭拉·乔森甚至指出，拉康的菲勒斯概念类似德里达的延异概念，正如德里达所提出的："延异其实是一种游戏，它使一切命名的效果成为可能"。① 我们也可以说，菲勒斯是一个枢纽，它使一切意指效果成为可能；菲勒斯是一出戏剧，它使主体穿过俄狄浦斯情结的阶段，从想象界进入到符号界，获得性别认同，并在不同主体间形成性别差异。

第三节 精神分析主体的划分与界定

在对镜像阶段的阐述中，拉康将自我看做是具有虚构性的一系列理想形象的沉积，其实质是一种自恋性的依附，它凭借认同外在于自身的完整形象而构建自身。但这种认同是一种误认，它掩盖了自身不完整的事实，而赋予自我一种统一性的幻觉。因此自我既不具备笛卡尔意义上自明性、确定性的特点，也不是自我心理学意义上位于感知觉体系的核心，而是始终带着离心、异化的特点。在此基础上，拉康将自我排除在精神分析研究的重点之外。据此他批判一切试图通过修复案主自我功能的临床疗法，认为这样的结果只会加深自我的异化，从而使治疗效果变得更糟，而精神分析所要研究的对象，乃是主体。拉康从一开始就对二者进行了严格的区分（可参考 L 图示），与具有虚假自明性与统一性的自我不同，主体是不自知的、分裂的、去中心化的，而只有通过这样的主体，才能找到无意识的真相。

事实上，拉康对主体的阐述是相当复杂又多变的。大致来说，这

---

① Jacques Derrida (translated by Alan Bass). *Differance*. Margins of Philosophy, 1981.

拉康精神分析学的能指问题　>>>

个变化是这样的：早期拉康由于受结构语言学的影响，试图用语言学术语来阐释精神分析，将主体与能指的运动联系起来，主体的本质于是成为能指运动所产生的一个效果，被能指所切割穿透，不断地在能指链中出现与消失。在这一阶段拉康的主体概念是极具反叛性的，他一反将主体看作是自身拥有确切意义的，也反对将主体看作是"我"这个人称代词所指代的那个人，而是将主体放置在了具有空洞性与差异性的能指之中。正如塞缪尔·韦伯所总结的："拉康的主体是能指的主体，而非所指的主体；是阐述主体，而非陈述主体；是无意识的主体，而非具有自我意识的自我。"① 到了后期，随着拉康将理论侧重点转移到实在界，他也越来越侧重主体无法被能指化的那一部分，即原乐的主体，与原乐主体密切相关的是性别，同时他结合一系列逻辑学术语，提出了性化公式。因此，能指主体与原乐主体的对立，是拉康界定主体问题的一种主要模式。但是在此之前，拉康的思想就隐隐为这一划分做着理论铺垫，在早期结构语言学的影响下，他参照了雅各布森、叶斯柏森等学者的观点，从语言学的角度区分为陈述主体与阐述主体，他将前者界定为可以用语言进行表达的，而将后者排除出了语言学的研究范围。这种划分模式的成熟，最终就体现在了更具系统性的能指主体与原乐主体的区别中。因此，要全面把握主体问题，必须对这些相关概念作系统的梳理与比较。

一、根据语言学进行的分类——陈述主体与阐述主体

区分发言动作（enunciation）和发言内容（statement）是语言学

---

① Samuel Weber（translated by Michel Levine）. *Return to Freud: Jacques Lacan's dislocation of psychoanalysis.* Cambridge: Cambridge University Press, 1991. p. 100.

理论中一个重大的突破。按照狄伦·伊凡斯的理解："当句子生产独立于特定事件发生的情况，而以抽象文法单位（例如句子）分析时，则被称为发言内容。另一方面，当语言生产时特殊说话者在特定时间/地点与特定的情境中，以个人行为表演而被分析时，则被指称为发言动作"。① 从上述区别中，可以看出，所谓发言内容，便是由一位说话者所讲出的一系列由有限词语组成的句子；而发言动作，便是个人的语言行为。二者的主要区别在于，发言动作是一个制造意义的过程，而发言内容则是这种制作过程体现在言说者身上的结果。

但是发言动作与发言内容并非完全一致的。著名哲学家奥斯丁将我们所有说的话与言语行为分成了两个类别：表述性言语行为和述行性言语行为。表述性言语行为，就是做直白的描述性陈述，比如"我正在读书"或"你正在看电影"，而述行性言语行为则相对复杂，它不仅有描述的功能，还蕴含着改变的作用。奥斯丁这样说道："当我们在发言的时候，我们不仅仅在形容事物，也不仅仅在用文字形容我们口述的行动，也不仅是在描述我们正在做什么，发言就是行动。"② 奥斯丁举了一个例子，当被问到"你愿意某某女士成为你的合法妻子吗？"在回答"我愿意"之后，这就不仅是在描述"我愿意"这件事，而是意味着在做某件事，即正在结婚。

拉康对陈述主体（the subject of utterance）和阐述主体（the subject of enunciation）的区分，是受了明显的语言学影响的。这种影响主要来自语言学家叶斯柏森和雅各布森对转换词的分析。转换词的概念

---

① ［英］狄伦·伊凡斯：《拉冈精神分析辞汇》，刘纪蕙、廖朝阳、黄宗慧、龚卓军译，台湾：巨流图书股份有限公司2009年版，第89页。
② Austin J. L. *How to do Things with Words*. Oxford and New York：Orford University Press, 1975. p. 6.

拉康精神分析学的能指问题　>>>

最早由叶斯柏森提出，指的是"语言中的某些要素，其一般意涵无法不参照相关讯息而得到界定，譬如［我］和［你］，或像［这里］与［现在］这些词语，以及种种的时态，都只能透过参照它们被说出的脉络才得以理解"。① 雅各布森继承并发展了这种看法，在《转换词，词语分类和俄语动词》一文中，雅各布森进一步指出这些转换词的指示功能，他提出，不管文本内容如何变化，这种转化词都是拥有单一而普遍的意义的。比如"我"指示的就是说出"我"的那个人。同时，雅各布森还区分了这种指示功能的不同形式，即陈述与阐述。关于这个区分，本维尼斯特做了详细的解释，他赋予了"我"这个转换词两种不同的功能，一方面，"我"指的是说话者将自己命名为一个特定陈述内容的一部分；另一方面，"我"指的说话者将自己命名为一个更具普遍意义的阐述过程的主体，是不可简化为任何既定陈述的。拉康的陈述主体，体现的就是前者的功能，而阐述主体，对应着后者的功能。

　　早在1936年，拉康就指出说话行为本身就已经包含了意义，这也预示着拉康对阐述主体的侧重。关于陈述主体与阐述主体的不一致，拉康在《无意识中文字的动因或自弗洛伊德以来的理性》中这样说道："这儿涉及的不是要知道我是不是按我的样子说我，而是要知道，在我说自己时，我是不是和我所说的那个一样。"② 如果说陈述主体是有意识面向的，那么阐述主体就是无意识的主体。所以真正在言说的，不是有意识的陈述主体，而是无意识的阐述主体。语言从大他者中来，又回到大他者中去，大他者透过无意识在"说"，而主体并不自知，却误将自己当做了话语的主人。这不得不使我们联想到梅洛庞蒂的看

---

① ［英］狄伦·伊凡斯：《拉冈精神分析辞汇》，刘纪蕙、廖朝阳、黄宗慧、龚卓军译，台湾：巨流图书股份有限公司2009年版，第305页。
② ［法］拉康：《拉康选集》，褚孝泉译，上海三联书店2001年版，第448页。

法:"表述活动是在思考的言词与讲话的思考之间,而不是像人们轻率地断言的那样在思考与语言之间进行的"。① 此处,思考的言词即拉康意义上的无意识主体,即阐述主体,而讲话的思考,便对应于正在言说的自我,即陈述主体,梅洛庞蒂的这一断言也强调了二者之间的根本性分裂。这一分裂直接影响了拉康的临床分析,分析师并非是要对案主所说的话提供解释,而是要对案主说话的行为进行分析,要在言说行为中捕捉欲望的真相,因为这一真相正是通过语言的缝隙渗透出来的,是通过语言的偶然性被表达的。

著名的拉康研究学者布鲁斯·芬克提出,拉康对陈述主体与阐述主体的区分,对应着能指主体与原乐主体的划分。陈述主体,是在语言范围内用能指来表述的主体,而阐述主体,在语言学本质上是不予考虑的,因此对应着无法用能指来表述的原乐主体。

二、引入逻辑维度的分类——能指主体与原乐主体

(一) 能指主体的构成——异化与分离

1. 异化

如果说,想象界中形成的自我异化是异化的第一步,那么在符号界中主体的异化便是异化的第二步了。按照拉康的理论,主体在从想象界进入符号界时,要通过俄狄浦斯情结的过渡。在俄狄浦斯情结的动态发展中,主体只有认同于菲勒斯能指,或至少有一部分认同于菲勒斯能指,才能进入大他者的领域,才能在能指的领域被"铭记"。拉康曾为大他者下了这样一个定义:"大他者是能指链坐落于其中的

---

① [日] 鹫田清一:《梅洛—庞蒂:可逆性》,刘绩生译,河北教育出版社,2001年版,第162页。

场合，而能指链控制着一切可能使主体出现的东西，大他者就是主体必须出现在其中的存有物的场地"。① 但是，在进入大他者的领域时，主体却不得不面临着一个困境。在第十一期名为《精神分析的四个基本概念》的研讨班中，拉康首先举了这样一个例子：假设遇到歹徒，他给你提供了这样一个选择，要钱还是要命。按照逻辑推理，理论上存在四种可能性：既要钱又要命；既不要钱也不要命；要钱不要命；要命不要钱。但事实上，你只有一种选择，就是要命不要钱。因为，第一种情况显然是不可能的，第二种情况只会二者都失去，在第三种情况下失去生命钱是没有意义的，因此，选择只有最后一种——要命不要钱。这个例子如图 2-7 所示：

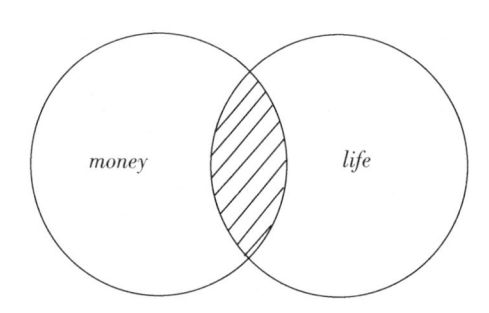

图 2-7　"要钱还是要命？"

拉康之所以举了这个类比，第一，是为了说明看似多样的选择，其实是具有强制性的，因为它的结果只能有一个。第二，是要说明不管选择了哪一方（钱或命），总会失去另一部分。而主体所面临的困境，也是类似的，是介于"在"（being）和"意义"（meaning）之间的一个"选择"，是关系到主体是否愿意放弃自己的存在，进入意义

---

① Jacques Lacan（translated by Alan Sheridan）. *The Seminar of Jacques Lacan*：Book XI, *The Four Fundamental Concepts of Psychoanalusis*. New York and London：W·W·Norton & Company，1981. p. 203.

的领域，从而用能指表达自己并获得意义。拉康在第十一期研讨班上绘制了这样一个异化的图示（如图2-8）：

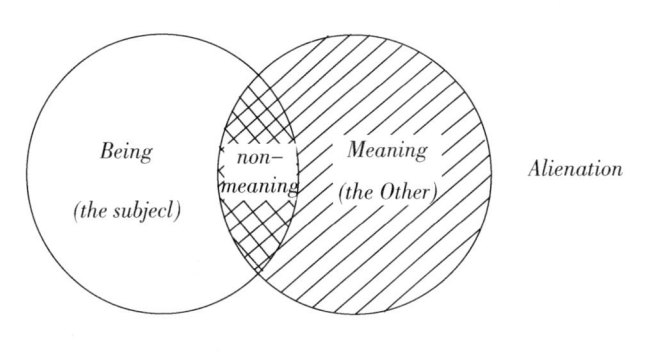

图2-8 异化的图示

左侧是在（being），右侧是意义（meaning），二者交叉的部分是无意义（non-meaning）。按照拉康的理论，主体的存在，只有在意义的领域下才有价值，因此，如果选择了在（being），放弃了意义，就像上个例子中选择钱而放弃生命一样，没有生命钱是没有意义的，同样，没有了意义（meaning），那么在（being）也是不可能的，这样的结果就是最终落入无意义。因此，主体的选择只能是一种，即选择意义（meaning），进入大他者的领域，放弃在（being）。进入大他者领域的主体，便成为了被划斜线的无意识主体$\bar{S}$，成为了能指的效果，在能指的运动中不断显现与远隐，在意义中不断滑动，这个过程便是主体在符号界的异化，即主体只能通过能指的运动来显示自己。举一个最简单的例子，当婴儿还未习得语言的时候，往往会用哭声来表达自己的不满。这种哭声会被母亲解读为饿了、渴了等，并采取喂食、喂水等相应措施来解决。但事实上，婴儿可能既不饿也不渴，他只是觉得身体某处不适，或想有人陪伴。但是这种哭声作为能指就被母亲赋予了饿或渴的意义，而忽视了婴儿自身的真实需要，这就意味着一旦使用能指表达了自己，异化便是不可避免的，它是结构主体的必需。

需要注意的是，主体与能指的关系事实上是相当复杂的，确切的说，主体与能指链是一种"外存在"的关系。在主体诞生之前，语言就已经存在了，能指集中在大他者的领域运转着，在主体进入大他者的领域后，能指依然运转着，并不受主体的影响。拉康将能指界定为对另一个能指呈现主体的东西，这也就意味着，主体是在能指间不断显现的。能指从大他者中来，又回到大他者中去，主体只是外在于这个能指结构的某物。当主体讲话的时候，用能指表达自身的时候，他是被能指"说"的无意识主体S，而在讲话前与讲话后，主体都是不存在的。按照 Juan–David Nasio 的解释，拉康此处的主体概念，类似弗雷格对数字"0"的定义："一方面，它命名了一个不可能对象的概念……另一方面，相对于数列来说，0 也可以算作其中之一。"[①] 同样，一方面，不参考能指链运动的话，主体自身是一个不可能的概念，另一方面，当主体讲话并在能指链上运转的时候，他自身也成为了能指链的一环，在能指的缝隙间存在，他通过自身的位置确保了能指链的运动。因此，一旦主体进入大他者的领域，开始与能指发生联系，异化便构成了主体存在的必需。

2. 分离

除了异化之外，在第十一期研讨班中，拉康也将分离定义为主体存在的必要步骤。如果说异化关系的是主体在"在"（being）和"意义"（meaning）之间的强制性选择，那么分离是和欠缺有关的，尤其是和认识到大他者的欠缺有关，是涉及大他者的欠缺与主体欠缺的重叠。

分离的过程可以通过俄狄浦斯结构中的母子关系变化来说明。在

[①] David Pettigrew, François Raffoul ed. *Disseminating Lacan*. New York: State University of New York Press, 1996. p. 30.

俄狄浦斯结构中，对于儿童来说，母亲是作为接受过阉割而有所欠缺的大他者（mOther）存在的，由于欠缺与欲望是共同存在的，母亲并不知道自己所欲望的是什么，而只是不停地在"欲望着"。儿童为了获得母亲的爱，为了能够完全拥有母亲，便试图发掘母亲欲望的场所。正如布鲁斯·芬克所总结的"她的愿望便是他的命令"① 因此在分离中，主体试图填充母亲的欠缺，试图将自身的欠缺与大他者的欠缺重叠，以期成为母亲欲望的对象，这样就在主体的欲望与大他者的欲望间建立了联系。因此，欲望的维度是分离正常发生的必要条件，与异化中作为能指场域的大他者不同，分离中的大他者是有所欠缺的大他者。拉康指出："主体在大他者欲望中重新发现的，等同于他作为无意识主体是什么。"② 这就说明，主体认识到大他者并非完满的，而是其中有一个空洞，是有所欠缺的（大他者中的这个欠缺其实就是菲勒斯），而作为无意识的主体，即作为能指效果的主体，也是有所欠缺的，即欠缺了自己的在（being）。因此，两种欠缺被重合了起来。布鲁斯·芬克绘制了图2-9来说明分离：

但事实上，这两种欠缺完全重合的状态是不可能的。正如在俄狄浦斯结构中，母子之间的二元关系必须被父亲介入一样，母亲的欲望对于儿童来说，是致命而难以承受的。在第十七期关于《精神分析的另一面》研讨班中，拉康指出："母亲的角色便是她的欲望，这一点极其重要。她的欲望不是你可以轻易能承受的，就像这对你来说无所谓一样。它总会引起一些问题，母亲就像一只巨大的鳄鱼，而你发现

---

① Bruce Fink. *The Lacanian Subject*: *Between Language and Jouissance*. Princeton：Princeton University Press，1996. p. 54.
② Richard Feldstein，Bruce Fink，Maire Jannus ed. *Reading Seminar XI*: *Lacan's Four Fundamental Concepts of Psychoanalysis*. New York：State University of New York Press，1995. p. 50.

自己就在她的嘴巴里，你永远都不知道什么会使她忽然闭上嘴巴，这就是她的欲望。"① 紧接着，拉康又说道，但是有一个石制的滚筒，放置在了母亲的嘴巴里，可以使得她的嘴巴张开，这个滚筒就是菲勒斯，它可以保护儿童免于受到鳄鱼忽然闭上嘴巴的伤害。按照拉康对俄狄浦斯结构的分析来看，由于母亲欲望着菲勒斯，儿童要想完全拥有母亲，必须在想象中将自己等同于能满足母亲欲望的菲勒斯。但是，在母子关系中，还有一个未知数 x，这是因为欲望是无法被完全满足的，母亲欲望的永远在"别处"，就算儿童在想象中将自己等同于菲勒斯，也不能满足母亲的欲望，但这一点对儿童来说是未知的。因此如果没有父亲介入，没有父性隐喻的运转，儿童只会陷在这种想象的陷阱中无法自拔。从拉康的论述中看，语言可以保护儿童脱离这种致命的二元关系。这是因为一旦父亲介入母子之间，通过父性隐喻，将父之名的能指取代母亲欲望的能指，便在这个过程中产生了菲勒斯的意义。这个过程意味着儿童放弃认同想象中的菲勒斯而认同菲勒斯能指，由此儿童才能进入大他者的领域（进入大他者的领域即拉康所说的异化），才能进入到欲望的动态滑动过程中，才会在能指链的转喻中，体验欲望的不断滑动，从而摆脱那种静态的、试图成为大他者唯一欲望对象的致命状态。

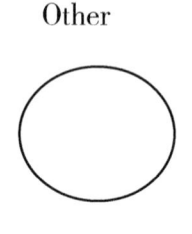

图 2-9 分离图示

既然分离所指示的两种欠缺的重合状态是不可能的，这就意味着其实二者之间是有裂缝的，而这个裂缝便产生了作为欲望之因的对象

---

① Jacques Lacan (translated by Russell Grigg). *The Seminar of Jacques Lacan: Book XVII: The Other Side of Psychoanalysis*. New York and London: W·W·Norton & Company, 2007. p. 129.

a，对象 a 作为原初统一的剩余物，也是主体关于原初完整性的幻见，拉康的原乐主体在很大程度上就和它有关。

(二) 原乐主体

原乐（jouissance）的概念随着拉康理论的推进变得越来越重要。如果说早期的拉康关注的是被能指所穿透的主体，那么后期的拉康则开始侧重主体无法被符号化的部分。原乐主体也成为拉康区别于结构主义的一个重要方面。如果说结构主义所关注的主体，是由结构运行所产生的，在拉康的理论中，结构并不是全部，主体也并非只是结构运行的产物，而是始终有无法被结构化的部分。这也是拉康主体的两面：能指主体与原乐主体。在 60 年代，拉康区分了原乐与快乐，并将这个对立联系到快感原则上去。狄伦·伊凡斯解释道："快感原则的作用在于限制享受，它是命令主体享受越少越好的法则。"[1] 但是，正如弗洛伊德所指出的，主体总是试图得到更多的快乐，因此不断僭越着这种对快乐的限令，企图超越快感原则。但是超越快感原则所带来的不是更多的快乐，而是痛苦。因为"主体所能承受的快乐有一定的限度，超越这个极限，快乐变成痛苦"[2]，而这种快乐与痛苦的并存就是拉康所谓的原乐，原乐总是与"超过"有关的。

原乐是与能指格格不入的，当主体在进入符号界时，必须排除身体（更具普遍性与抽象性，而非生物有机体）中的原乐。也就是说，在从想象界向符号界过渡的俄狄浦斯结构中，主体必须放弃尝试成为母亲欲望对象的想象菲勒斯所带来的原初原乐，因为这种母子乱伦的原乐是明确被禁止的。在一种层面上，身体上的原乐被排出到了大他

---

[1] [英] 狄伦·伊凡斯：《拉冈精神分析辞汇》，刘纪蕙、廖朝阳、黄宗慧、龚卓军译，台湾：巨流图书股份有限公司 2009 年版，第 152 页。

[2] 同上。

者中，由此被散落在身体之外与能指之间，而只能通过言说，在能指的缝隙间被找到，这种通过能指获得的原乐便是菲勒斯原乐。但是在另一个层面上来说，身体中的原乐并不是完全被排出的，而是有一部分剩余的原乐围绕在身体的性感带上，这种原乐就被称为大他者的原乐，是关于身体的原乐。与原乐主体紧密相关的，是由于主体所采取的性别位置不同而享受的不同原乐。拉康在第二十期名为《更进一步》的研讨班中，绘制了一个性别差异图示，并将不同原乐的获得与性别差异联系起来。如图2-10所示：

从图中可以看出，这一性别差异图解采用了众多逻辑学的字母与符号，这与拉康当时的理论转向有关。如果说早期的拉康借鉴了语言学的工具来重写精神分析，而晚期的拉康则侧重于用逻辑学与拓扑学来展示精神分析。这是因为，结构语言学设定了一个总体化的语言系统的在场"，能

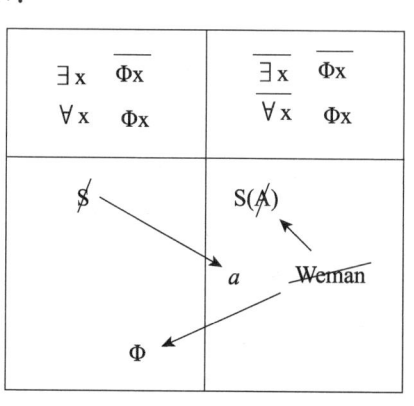

图 2-10 性别差异图示

指的运作或者说主体与能指的关系总离不开对这个封闭系统的某个中心点的设定，而问题在于，按照拉康的观点，根本就不存在一个"元语言"可以保证语言结构的可靠性。

图示中左边的结构表示男人，右边的结构表示女人。这两者都是心理意义上的，而非生物学意义上的。在左上方的男性结构中，小写的 x 代表自变量，拉康在此改造了弗雷格的函数 $\int(x)$，将代表函数运算的 $\int$ 转换成一系列逻辑量词。其中 ∃ 是存在量词，意思是"存在

着",∀是全称量词,是"全部、所有"的意思,Φ代表菲勒斯能指,上方的横线代表否定。

将原乐带入自变量 x,就可以得到如下结论,∀xΦx 意味着所有男人享受的都是菲勒斯原乐,∃x$\overline{\Phi}$x 则表示,存在着一些拒斥菲勒斯原乐而享受另一种原乐的主体。从图示中可以看出,男人进入符号界所要放弃的是原初的乱伦所带来的身体原乐,而这种母子统一状态分裂所留下的剩余物便是对象 a。于是对象 a 成为了欲望之因,成为了织构男人欲望在能指链上转喻的原因,这种对对象 a 的着迷,显示了男人对原初失落的原乐的怀旧,对进入符号界之前的完整性的期待。然而对象 a 并不属于符号界,并不在大他者的领域,在符号界中是无论如何都无法拥有它的,但是男人对这点一无所知。对于男人来说,不断在符号界寻求能满足自己欲望的对象 a,只会导致将能指误当作能满足欲望对象 a 的化身,形成这样一种幻见结构。因此,男人的爱便成为了不可能,这种爱是基于幻见,基于某个主体能满足他欲望的幻见,其本质是对对象 a 的着迷,在这种情况下,他将自己的配偶减到了对象 a。但是,在谈到拒斥菲勒斯原乐的主体时,拉康列举了克尔凯郭尔和中国道家的例子。他认为,男人只有牺牲了菲勒斯原乐,放弃对对象 a 的着迷,结束在能指间寻求欲望的满足,才能享受另一种原乐,即大他者的原乐。这种牺牲菲勒斯原乐,也就是拉康所谓的"阉割自己",克尔凯郭尔之所以"阉割自己",是为了获得一种更高维度的存在。而中国的道家,在拉康看来,也是为了获得一种更高级的愉悦。按照布鲁斯·芬克的解释,更进一步说,拉康性化公式中的∀xΦx 对应着对对象 a 的爱,而∃x$\overline{\Phi}$x 对应着关于另一种爱的信念,即"一种我们可以称为超越欲望的爱,因为欲望是由对象 a 引起的"。①

而在右上方的女性结构中,$\overline{\forall x\Phi x}$ 表示不是所有女人的原乐都是菲勒斯原乐,$\overline{\exists x\Phi x}$ 则意味着女人至少有一部分是享受菲勒斯原乐的。那么女人所享受的另一部分原乐便是大他者的原乐。大他者的原乐不属于符号界,是无法被能指所表达的,而在拉康看来,当我们说某物存在,是指要能够用能指来表达它,而大他者是无法被表达的,因此它是不存在的,或者说,是"外存在的"。因此,也正是基于大他者同能指的这种特殊关系,拉康将大他者的原乐界定为不可说的。尽管如此,大他者的原乐却是可以被体验的,但这种体验也是"外存在的"。既然大他者的原乐是不可说的,那关于它我们知道些什么呢?拉康将它与爱联系了起来,"说起爱的时候它自身中就包含原乐",②这意味着拉康将大他者的原乐看作一种通过爱产生的升华,一种关于爱的原乐,并且将它与宗教的狂喜体验联系起来。就像被阉割过的男人所需要的是对象 a 一样,女人由于并未在符号界获得完全的铭记,因此能与她互补的便是纯粹的能指——菲勒斯,而男人作为认同菲勒斯的主体,便支撑着她的菲勒斯。拉康所说的性关系不存在,也是基于能满足男女各自欲望的对象的不一致性来说的。

就原乐来说,男人与女人之间的一个重大区别就是,女人不需要牺牲菲勒斯原乐,也可以享受大他者的原乐。对此,布鲁斯·芬克绘制了图示(如图 2-11):

---

① Bruce Fink. *Lacan to the Letter: Reading Écrits Closely*. Minneapolis: University of Minnesota Press, 2004. p. 161.
② Jacques lacan (translated by Bruce Fink). *The Seminar of Jacques Lacan, Book XX: Encore*1972—1973. New York and London: W·W·Norton & Company, 1998. p. 77.

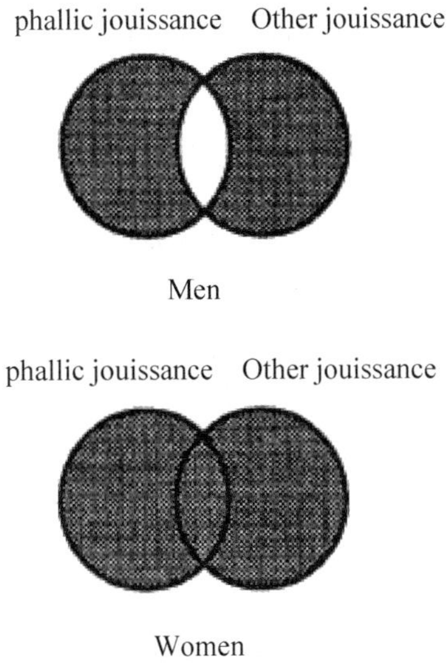

phallic jouissance   Other jouissance

Men

phallic jouissance   Other jouissance

Women

图 2-11　男女所享受的原乐的差别

因此，男人只能在菲勒斯原乐或大他者原乐中选择其一，而女人可以同时享受两种原乐。

三、结语

主体概念作为拉康精神分析的重要基石之一，从始至终都在拉康的思想体系中占有重要位置，其内涵也是随着拉康思想的发展而不断丰富的。拉康对主体概念的创新之处在于赋予主体以"颠覆性"，即颠覆了自笛卡尔以来拥有自明确定性的主体概念，同时，将语言的维度引入主体的建构之中。但是，关于拉康主体概念的误解，也是不胜枚举的，其中最引人注目的便是由拉巴特和南希在《文字的凭据：对拉康的一个解读》一书中所提出的。

尽管拉巴特和南希承认拉康的主体并非是意义的主人，但他们认

拉康精神分析学的能指问题 >>>

为,"拉康能指的中心仍然是主体"①,因此,拉康的主体概念仍然是传统意义上产生意义的主体。对于拉康所定义的,能指就是对另一个能指表示主体的东西,他们是这样解释的:"如果主体是言说的可能,如果言说作为能指链被表达出来,那么一个能指同另一个能指的关系,或者说一个能指对另一个能指所表示的东西,即能指链的特殊结构,也就是必须被称为主体的东西。"② 在此,他们将主体等同于能指链的结构。

拉巴特和南希的误解在于,他们既没有明确认识到主体与能指的关系,也忽视了主体的两面性。拉康的主体从来都不是意义产生的保证,意义的产生是依靠能指链运作的结构实现的。主体通过言说,在能指链中闪现,在能指的缝隙中出现,而当主体停止言说,他便在能指链中消隐,主体并不属于能指链,只有当他言说时才构成了能指链上的一环,因此,主体是外存在于能指链的。另一方面,拉康从未说过能指可以完全表示主体,事实上,他一直强调主体不仅仅是能指的效果,主体还有其非语言的一面,即原乐,真正的主体应该是二者的交互。拉康理论研究学者布鲁斯·芬克就曾指出,拉康区分了两种原乐:第一种是在主体接受符号化之前的原初原乐,也就是想象界中母子和谐统一的原乐;第二种原乐是在主体接受符号化之后,所享有的原乐。因此,主体就是这样一种能指与原乐交互的效应,能指与原乐是主体的两面。从拉康对主体的整个划分体系来看,无论陈述主体与

---

① Jean – Luc Nancy and Philippe Lacoue – Labarthe (translated by François Raffoul and David Pettigrew). *The Title of The Letter*: *A Reading of Lacan*. New York: State University of New York Press, 1992. p. 65.
② Jean – Luc Nancy and Philippe Lacoue – Labarthe (translated by François Raffoul and David Pettigrew). *The Title of The Letter*: *A Reading of Lacan*. New York: State University of New York Press, 1992. p. 69.

阐述主体的关系，或者能指主体与原乐主体的关系，都不是彼此孤立的；相反，二者是相互联系、相互补充的，是一种交织关系，主体正是由这种关系所构成的。任何试图将主体界定于其中某一方面的做法，都是对拉康思想的误解。

第三章

能指与症状

第一节　拉康的身体观与症状

一、身体作为症状的场所

身体的概念在哲学史上占据着极其重要的地位，无论是对拉康产生过重大影响的笛卡尔，还是同时代与拉康有着紧密学术联系的梅洛庞蒂，都对身体概念有着自己的理论表述。对身体的阐释最早可追溯至柏拉图，然而柏拉图从一开始就是贬低身体地位的，他将身体看作是灵魂通向真理的障碍，是囚禁灵魂的枷锁，这种身体与灵魂的二元对立模式影响了其后的诸多哲学家，包括奥古斯丁、黑格尔等，其共性在于对意识的无限推崇与对身体的持续贬低，至此，关于身体的研究在历史上仍处于被忽视的状态。之后，尽管马克思意识到了这一问题，但他并未赋予身体自主性，身体仍是作为意识的物质基础存在的。这一模式的颠覆是由尼采开启的，他主张一切从身体出发："我完完全全是身体，此外无有，灵魂不过是身体上的某物的称呼"。① 这就逆转了身体对灵魂的附属地位，而将身体置于哲学研究的中心。尼采的身体思想影响了大批法国的哲学家，包括巴塔耶、德勒兹、罗兰·巴特、福柯等。而作为与以上哲学家同时代的拉康，自然也受到了相关身体理论的影响。但拉康身体概念的来源是极其广泛的，他对身体概念的阐释也是抽象的。一方面，同弗洛伊德一样，他从不在生物学和解剖学的意义上使用这一概念，由此将身体与有机体区别开来。这也是人类区别于动物的主要方面，动物所拥有的仅仅是满足自身需要的有机体，而人类拥有的则是有意义的身体。另一方面，他对身体的阐释不仅参照了以索绪尔为主导的结构语言学理论，也受梅洛庞蒂身体现象学的影响，最终，他在参考以上理论的基础上，结合自己的相关理论进行了创新，并将对身体的研究落实到了精神分析的领域内。对此，学者 Lucie Cantin 总结道："身体与有机体是不同的，因为身体是由语言说出、划分的，并且由于语言身体才变得可见。它是我们在镜中看到的形象，由观看建构的图像，是大他者的话语和欲望。身体总是被色情化的身体。"② 这不仅揭示了身体与有机体的区别，还结合拉康的三界（想象界、符号界、实在界）理论对身体作了不同的表述。

首先，结合想象界的维度来看，身体最初是作为一种意象出现的，"对于拉康来说身体处于想象一端"。③ 新生儿在降临到世上之后，从母亲的分娩伊始，便结束了作为胎盘在母体中的"寄生"状态，开始独立面对世界。此时的新生儿是极为脆弱的，他无法掌控自己的身体，

---

① [德] 尼采：《苏鲁支语录》，北京：商务印书馆 2011 年版，第 27-28 页。
② Willy Apollon, Danielle Bergeron, Lucie Cantin. *After Lacan: Clinical Practice and the Subject of the Unconscious.* New York: State University of New York Press, 2002. p. 36.
③ 霍大同、谷建岭主编：《精神分析研究第二辑》，北京：商务印书馆，2016 年版，第 56 页。

他所感知到的只是碎片化的身体部分，是无法统一协调的器官，这种状况会一直持续，直到镜像期的成功结束。在镜像阶段，儿童对自己身体的认知是通过镜中具有完整性的身体意象来获得的，当他观看到镜中完整的身体格式塔形象时，便会将镜中具有整体性和协调性的形象赋予自己，也正是这种完整性掩盖了儿童自身机体不协调的事实。在这个阶段，身体是作为镜中的形象发挥作用的，它是由儿童的观看建构起来的。但是儿童完整性身体意象的获得是起源于外部的，是外在于儿童自身的，因此，将这种本不属于自己的身体完整性归属于自身，是拉康称之为异化的第一步。

其次，在镜像阶段结束后，儿童便开始通过俄狄浦斯结构进入符号界。在这个动态过程中，儿童一旦进入符号的领域，就是进入了能指的宝库，就要被语言所切割。如果说进入符号界之前的身体是饱含原乐的身体，那么在进入符号界之后，这种原乐将被排出，取而代之的是能指充斥着身体，占据了原乐的地位。"当儿童使用语言时，语言就将生物机体同身体意象联系起来了，符号命名着身体。"[1] 于是，能指便会在主体身体上留下切割的印记，这些印记提醒着主体失去的原乐，是身体的开口与空洞。而在进入了符号界之后，身体的一部分便会融入其中，成为意指元素的集合，这一部分是可以通过能指来表达的，因此可以称为言说的身体，即符号的身体，正因为如此，"身体的确切部位可以被符号性地与主体无意识领域相连"[2]。

但是，还有一部分身体是未被完全融入符号界的，也就是部分化的身体，是与被能指拒绝的原乐相关。进入符号界的主体在排出身体

---

[1] Ellie Ragland. *Essays on the Pleasures of Death from Freud to Lacan*. New York & London：Routeledge，1995. p. 117. Routeledge，1995. p. 117.

[2] 霍大同，谷建岭主编：《精神分析研究第二辑》，商务印书馆，2016年版，第58页。

的原乐时，并未将原乐全部排出，而是始终有一部分剩余。这一部分是无法被能指化的，是无法用能指来表述和言说的，这些原乐留在身体里，最终可被缩减到主体承受原乐的身体部分。而这些部分，恰恰是与性密切相关的，是色情化的身体。拉康所谓的身体"性感带"（包括肛门、嘴巴、眼睛等），便是与此原乐相关的。这种色情化的身体部分，从属于实在的维度，是不可说的。

二、症状的阐释

作为精神分析师，通过对临床症状的观察，记录案主由不同症状所引致的不同身体反应，拉康对症状的解释，也经历了一个思想上的变化。按照狄伦·伊凡斯的看法，这个变化具体是如下进行的：1953年，拉康为了与医学上将症状看作一个指示而区别，将其看作一个能指。而在1955—1957年，拉康由于受结构主义语言学的影响，侧重症状的语言学方面，将其看作是一个隐喻，一个意指过程。而到了1962年，由于拉康放弃了语言学作为方法论工具，而将研究的重点转移到无法被能指化的实在、原乐上来，因此，这一时期的症状是与原乐密切相关的。而到了1975年，通过对乔伊斯的分析，拉康提出了症像的概念，并参考了拓扑学的相关知识对其进行阐释。

在过去关于精神病学的临床研究中，"其侧重点是病理过程，而非症状"。[1] 因此对相关精神类病症的治疗，都是从药理学的角度来进行的。这些病症的成因大都被归因为人体器质性的损伤，治疗的目的也在于通过药物或其他手段来修复这种损伤。而患者所表现出来的症

---

[1] Jonathan D. Redmond. *Ordinary Psychosis and the Body.* London：Palgrave Macmillan, 2014. p. 20.

状，只是作为某种病症的信号而出现的，它除了指示患者的病症外一无所有。拉康之所以将症状看成一个能指，其目的就在于将临床研究的重点放到症状上来。指示与能指最大的区别在于，前者总是要有一个外在的参照物，而后者只和其他能指发生作用。在此，拉康赋予了症状一定的自主性，它总是和其他能指相关，也总是在与其他能指的联系中获取意义，要彻底了解患者的致病原因，必须从症状出发，将其看作一个能指，放置在能指链中，寻找症状自身的意义。

其后，受索绪尔、雅各布森等语言学家的影响，拉康开始结合结构语言学的相关理论对症状做出阐释，这便是症状的语言维度。此时，拉康强调："语言是理解精神结构的基础"。① 他所区分的三种不同临床结构（精神病，神经症，倒错）都是与能指密切相关的。比如神经症的结构是由父之名能指的压抑引起的，精神病结构的出现是由于父之名能指的拒斥；等等。拉康所一再强调的症状是个隐喻，也深刻反映出了症状的语言学维度。因此，在对患者进行治疗时，拉康格外重视倾听患者的话语，不仅仅是患者口头说出的言语，而更要注意患者未说出的，那些潜藏在字句间的停顿、反复，这才是分析师应该真正关注的内容。分析师的任务也不是对其话语进行解析、译码，试图赋予它们以意义，而是要将这些能指放置在能指链中，结合案主的童年经历，回溯性地赋予当前症状以意义。症状之所以形成，在于能指链的运作受到了阻碍，重新用能指将症状解开，使其回归到能指链的正常运作中，是分析师的主要任务。

然而，症状还有非语言维度的部分，它是与无法被能指化的原乐有关的。"症状形成的原因在于，能指无法表示和处理大他者中的缺

---

① Jonathan D. Redmond. *Ordinary Psychosis and the Body*. London: Palgrave Macmillan, 2014. p. 60.

失,而文字限制了能指并解锁了实在的位置,释放出了位于此地的原乐。"① 需要注意的是此处"文字"的内涵,拉康的原文使用的是法文词 lettre,在中译本中被译作"文字"。拉康研究学者布鲁斯·芬克曾对这一词在拉康理论中的不同含义做了细致的对比,在《无意识中文字的动因或自弗洛伊德以来的理性》一文中,拉康赋予其的含义是:"具体的话语从语言中借用的物质支撑,"② 并将隐喻与转喻看作是由字母产生的意指效果的两方面,因此,这里的文字似乎等于能指。但随后,他又将文字看作是能指必需的定位结构,但又同构成能指基本单位的音位相区别,"文字本质上不等于音位,而是指可由多个音位占据的位置",③ 这就赋予了文字一种抽象性。这种抽象性体现在:"文字位于能指和其微小结构之间,处于能指与词之内的位置之间的某个地方,尽管在特定时候占据那个位置的音素会有变化,但这个地方却是相同的"。④ 这就从根本上显示了文字同能指的区别。当主体进入符号界,身体中的原乐被排出后,能指在身体上留下的切割印记便是文字。这些印记标示着失去的原乐,是身体上的开口、边界与空洞,是能指所无法表达的,它们指代着欲望与能指链的分离,暗示着向实在界的迈进。"文字是由创伤的逻辑和缺失的原乐结构所管理的,而症状的名字指的是语言的规则和逻辑。"⑤ 这便是症状的非语言维度,铭记在身体上的文字无法用能指来表示,它标示的是一种无法被能指

---

① Willy Apollon, Danielle Bergeron, Lucie Cantin. *After Lacan*: *Clinical Practice and the Subject of the Unconscious*. New York: State University of New York Press, 2002. p. 111.
② [法]拉康:《拉康选集》,褚孝泉译,上海三联书店 2001 年版,第 425 页。
③ Bruce Fink. *Lacan to the Letter*: *Reading Écrits Closely*. Minneapolis: University of Minnesota Press, 2004. p. 77 – 79.
④ Ibid.
⑤ Willy Apollon, Danielle Bergeron, Lucie Cantin. *After Lacan*: *Clinical Practice and the Subject of the Unconscious*. New York: State University of New York Press, 2002. p. 112.

化的原乐，它所铭记的东西引导主体走向实在。

"症状的持续是由于它们在符号界与实在界间形成了一个特定的联结，与无意识形成相关的部分意指结构被联结到了实在界。症状将意指的效果带入了实在界，通过症状，意指的效果成为了对实在界的回应。"[1] 一般而言，能指是无法进入实在界、与实在界发生联系的。实在界作为主体所无法直接承受的真相，是不可能同主体直接发生作用的，主体只能在无意识层面与之相遇。比如创伤的重复就被拉康认为是与实在界的相遇，弗洛伊德在《梦的解析》中提到过的"燃烧的孩子"的梦，也被拉康看作是主体与实在界的相遇。想象界与符号界都在极力保护主体免受实在界的真相，以防主体的崩溃与死亡。拉康在第一期研讨班中指出："语言（世界）是张网，是位于事物的全体、'实在界'整体之上的一张网。在'实在界'这一层面上，语言刻下了另一层面即'象征界'（符号界）。由此可见，两者的关系其实是嵌合在一起的。"[2] 症状的形成，就将实在的真相通过能指渗透了出来，"在实在界出现的能指，与能指链的结构无法联系，就成了实在的碎片"。[3] 这是因为，实在界的能指是无法按照符号界能指链的隐喻与转喻运作方式来运动的，因此这些能指就被孤立、隔离。而当这些碎片化的能指试图不断返回符号界时，主体的症状便产生了，这种症状往往是主体采取一定行动来抵抗实在界的反应。"对实在界的防御

---

[1] Jonathan D. Redmond. *Ordinary Psychosis and the Body*. London: Palgrave Macmillan, 2014. p. 21–22.
[2] 禾木：《不在之在何以存在？——论拉康关于实在的理论》，《哲学动态》2003年第5期。
[3] Jonathan D. Redmond. *Ordinary Psychosis and the Body*. London: Palgrave Macmillan, 2014. p. 65.

第三章 能指与症状

会采取身体现象的方式,这可被追溯到能指效果在身体上的影响。"①因此,症状是无意识的编码或解码,也就是说,能指链中能指的累积组成了主体,这些能指通过在症状中的编码,完成了原乐贯注的功能。这就导致原乐从性感带移置到了能指上。

三、幻见的穿越

症状是可以解释的,它可以通过参照主体的历史,回溯性地赋予当前症状以意义,再将其症状重新带入能指链中,使得其正常运作。但是,仅仅对症状进行阐释是远远不够的,拉康有句著名的口号:"穿越根本的幻见,"② 是对精神分析治疗目的的最佳诠释。以生活中习见的口误为例。在学术会议开幕式上,有人致辞时很容易脱口而出"我宣布大会圆满结束"(应该说的是"我宣布大会正式开始")。那么,不难想象,与会者将可能会心一笑,解决这个尴尬,而发言者也会很快意识到这个错误,进行纠正。这个症状就在一种"意识到"的状态中被消灭掉了,他将注意下一句补救的话的严谨性。但是,光是指出他说"圆满结束"意味着他无意识希望会议早点结束,这种阐释其实是有问题的。因为真正的情况是:无论你说什么,这个会议都将开幕、进行和结束。所以,在阐释完症状之后,应该直抵幻见:在你可能犯错误之前,大家早已准备好了对场面上出现状况的"会心一笑"的理解。因此,这个口误作为症状,是因为它脱离了发言者的符

---

① Jonathan D. Redmond. *Ordinary Psychosis and the Body*. London: Palgrave Macmillan, 2014. p. 34.
② Jacques Lacan. *The Seminar of Jacques Lacan, Book XI: The Four Fundamental Concepts of Psychoanalysis*. London: Hogarth Press and Institute of Psycho-Analysis, 1977. p. 273.

号网络,短暂地被无意识快感捕获了,然而它很快会被符号网络重新捕获:他一定是太想闭幕了——它就失去了作为症状的外在位置,症状在此被驯化了。因此,狄伦·伊凡斯指出:"在精神分析的治疗过程中,分析师重新组构了案主幻见中所有的细节,然而疗程并非在此停止,案主必须进而穿越根本的幻见"。① 因为"幻见决定了症状的逻辑和它的呈现形式"。②

幻见是拉康借鉴弗洛伊德的重要概念,当弗洛伊德将幻见定义为"呈现于想像中的一景,无意识欲望的搬演"③ 时,其侧重点是突出幻见可能带有的虚构性质。而经过拉康阐释的幻见,同临床结构(神经症,精神病,倒错)一样,均带有了防御大他者阉割的功能。他根据不同的临床结构,区分了不同的幻见公式,并将幻见与主体的欲望、原乐等联系起来,"幻见于是既支撑了主体的欲望,又使主体得以在欲望消失之处撑住自己。"④ 因此,若想深入了解幻见与主体的关系,必须参考拉康绘制的欲望曲线图。

拉康画过四种形式的曲线图,并在最后一种画出完整样式的欲望曲线图,这个过程是循序渐进,不断完善的。其第一种形式,关联于早期的语言学化的"能指链"概念的痕迹还很明显,见图1:

---

① [英]狄伦·伊凡斯:《拉冈精神分析辞汇》,刘纪蕙,廖朝阳,黄宗慧,龚卓军译,台湾:巨流图书股份有限公司2009年版,第99页。
② Willy Apollon, Danielle Bergeron, Lucie Cantin. *After Lacan*: *Clinical Practice and the Subject of the Unconscious*. New York: State University of New York Press, 2002. p. 124.
③ [英]狄伦·伊凡斯:《拉冈精神分析辞汇》,刘纪蕙,廖朝阳,黄宗慧,龚卓军译,台湾:巨流图书股份有限公司2009年版,第98页。
④ [英]狄伦·伊凡斯:《拉冈精神分析辞汇》,刘纪蕙,廖朝阳,黄宗慧,龚卓军译,台湾:巨流图书股份有限公司2009年版,第99页。

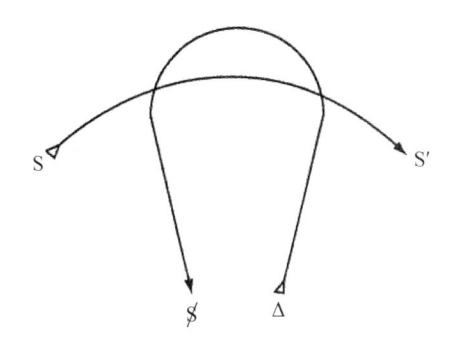

图 3-1　关于主体在能指链中生成的曲线图

（注：四个曲线图皆取自 *Écrits* 英译本）

从右下角的△（某个虚构的、前符号的意图。因为人类婴儿出生后处于无助状态，必须表达自己的种种需求）出发，逆着能指时间的向度回溯性地（向后）"缝合"了能指链 S—S'。在"缝合点"（即 PDC，也翻译为"锚定点""填料点"或"纽扣结"）意义效果被短暂地凝固下来，$\frac{S}{s}$ 中的横线被短暂地穿透了，将一个旧的能指效果（所指）负担给了一个新的能指，意义就在这个"缝合"过程中生成了。矢量意味着在"缝合"意义的过程中才产生了"主体"（被划斜杠的 S）。因为，在能指链活动的象征界中，主体才能生成。拉康将主体定义为一个能指对另一个能指所表征的东西，齐泽克更直接地说："缝合点是能指链的主体化。"① 如果没有这个"缝合点"，象征界的主体就无法生成，那么想象界的自我就会遇到精神病。②（这里暂时不谈论"自我"，在更高级的欲望曲线图里会得到解释。）

---

① ［斯］齐泽克：《意识形态的崇高客体》，季广茂译，中央编译出版社，2014 年版，第 125 页。
② 关于自我和主体之间的区分问题，参见拙文：杜超，陈云昊：《论镜像阶段中的自我及其与主体的关系》，《内江师范学院学报》2016 年第 9 期。

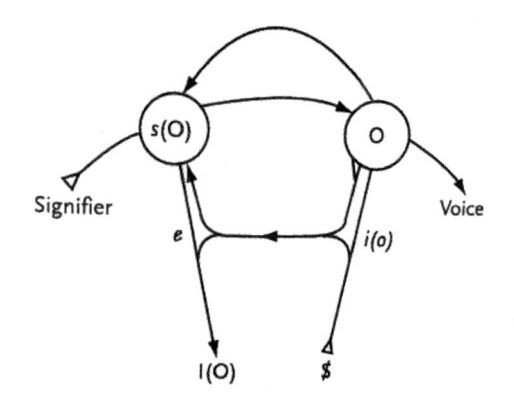

图3-2 关于能指场域中主体的认同的曲线图

现在，矢量的终点（主体），成为了关于能指场域中主体的认同的曲线图里的起点。该图示说明的是：穿越能指场域的主体，只有通过"理想自我"i（o）的异化过程，才能获得自我的同一性（这同一性在other那里，是外在于自我的。婴儿最初表达需求是由母亲/other来完成的，这引导着婴儿的需求）大他者Other的凝视，将自我导向了符号性认同的"自我理想"I（O）。其中，较低的横轴i（o）—e（即拉康的镜像阶段）进行的想象性认同的过程，在较高的能指—声音链上，能指因为被"缝合"了，结果剩下的声音就是客体性剩余，在这个客体剩余的作用下，想象性认同的自我理想i（o）和符号性认同的理想自我I（O）之间，就运动了起来。齐泽克在卢梭（Jean-Jacques Rousseau）晚年的精神错乱中写下的姓Rousseau和名Jean-Jacques上，看到了其自我理想和理想自我之间的差异："名指理想自我，是想象性认同点；姓来自父亲，和父亲之名一样，它指符号性认同点，是我们借以进行自我观察和自我判断的代理。"[①] 卢梭写的《卢

---

① [斯]齐泽克：《意识形态的崇高客体》，季广茂译，中央编译出版社，2014年版，第133页。

梭评判让-雅克》，就是自我理想（名）总是已经屈从于理想自我（姓）的地方。

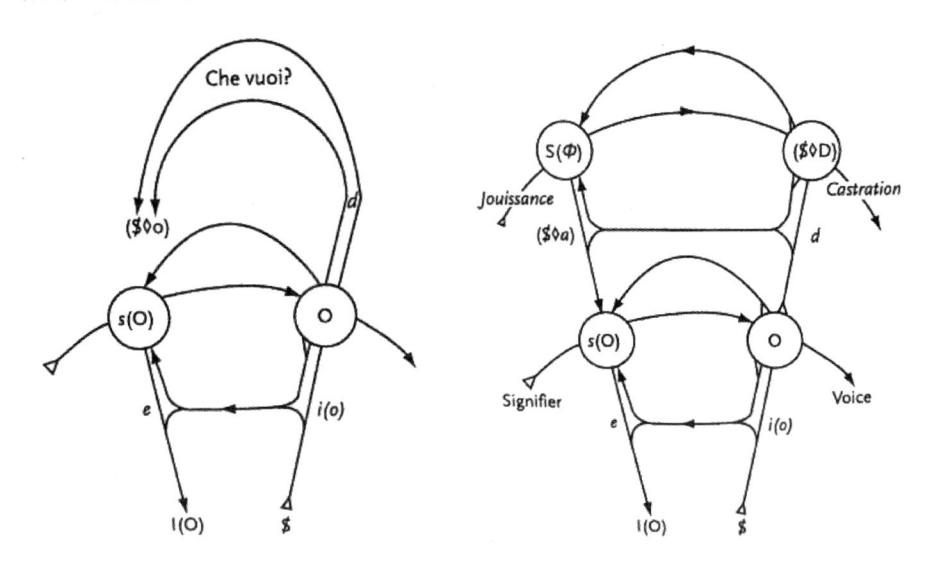

图3-3　引入他者欲望维度后的曲线图　　图3-4　完整的欲望曲线图

经过前面两个曲线图，我们解决了一个问题："在符号性认同的主宰下，想象性认同与符号性认同的互动构成了某种机制。借助这种机制，主体融入既定的社会符号领域，即主体接受了某种'委任'。"[1] 在后面两个较高层面的欲望曲线图里，首先出现的一个问号："你想怎么样？"（见图3-3）经过这个问号的指引，我们从想象界、象征界的横轴继续往上触及到了实在界的横轴：快感—阉割之域。

引导我们意识到符号性认同进行的主体化询唤并不成功的，是这声无意识层面的"你想要什么"。在一个追加的原乐矢量下，"无意识

---

[1] ［斯］齐泽克：《意识形态的崇高客体》，季广茂译，中央编译出版社，2014年版，第135页。

是像语言一样结构的"这句话凸显出来的不再是语言结构的问题,而是"像"的问题——因为符号化的询唤无法解决的就是深入实在界的原乐问题。正是因为"你想要什么"追问出了"主体跟要求相关",我们才能在被无意识快感穿透的欲望层面写出驱力公式:$S◇D$。在能指链上缝合成的语言主体,遭遇到了"在头脑中内化的、回想的声音"——"你想要什么?"——它"不停地向主体提出一系列更加苛刻和不可能满足的要求。这就是残酷的超我的声音,难以满足的被谋杀的母亲的命令"①。之前,在最下面的横轴上的 i(o),被视为无所不能的母亲,现在在快感层面的横轴上终于暴露出一种歇斯底里的性质。之前,能指(声音横轴上的逆向运动),代表着大他者向主体推行其意旨,询唤着主体;现在,原乐(阉割横轴上的逆向运动),代表的是大他者的无能为力,从无法满足的超我要求过渡到发现大他者本身并不完整,左上角的括号里的是划了斜杠的、匮乏的 Other;这个逆向运动区别于之前的符号秩序中的主体,在此,他从被划了斜杠的沉默无语的主体(大他者的无法满足的符号性要求 D 把躯体内的欲望排空了)走向被匮乏的大他者(标志着符号秩序的非一致性)解放的结结巴巴的主体。在此之中,齐泽克看到,"大对体(亦译作大他者)中的这一匮乏为主体提供了喘息的空间,它使主体避免在能指中彻底异化。避免异化的方式不是填补主体的匮乏,而是通过允许主体把他自己、把他的匮乏等同于大对体中的匮乏"②。在这种匮乏中主体的欲望曲线继续下降,出现了幻见公式$S◇o$(幻象是对"你想咋的?"的

---

① [美]史蒂夫·Z·莱文:《拉康眼中的艺术》,郭立秋译,重庆大学出版社,2016年版,第63页。
② [斯]齐泽克:《意识形态的崇高客体》,季广茂译,中央编译出版社,2014年版,第150页。

回答，幻见是一种企图——它企图以某个答案填平问题的鸿沟①。对象o也写作对象a）。而正是这个填补了大他者欲望内在匮乏的幻象，"构成了一个框架，我们透过这个框架体验世界，并把世界体验为具有一致性和意义的事物"②。

症状是可以被分析、被阐释的，具有一致性的大他者会回溯性地赋予其意义。而幻见却不同，在完整的欲望曲线图里，幻象公式$S◇a$正是为了弥补大他者内在的匮乏而出现的，幻见填补了匮乏从而成为一种意识形态得以产生的框架。在从主体欲望的客体对象a转向"崇高客体"的意识形态的过程中，齐泽克指出："对象a（the small a）所意指的是主体试图不再依赖于意指性的再现的方式来为主体找寻肯定性支撑的一种努力：通过与a所构建的幻见—关系，主体S获得了其'充实的存在'的想象，似乎他的真实存在独立于他与他者的关系，尽管他身处主体间的符号网络当中。"③ 那么，根据这个对象a的内外特征——通过外在来支撑、肯定一种内在的幻见，我们可以将幻见公式为意识形态批判提供的框架也分为两种：一种是"提取快感的内核"，揭示"意识形态是以何种方式暗示、操作、制造以幻象形式结构起来的前意识形态快感的"，其程序是外在的、前话语的；另一种是"对意识形态文本所作的'症状性解读'"，其程序是网络化的、话语性的。

拉康的1964年研讨会的第11卷书在1973年出版的时候，以霍尔

---

① ［斯］齐泽克：《意识形态的崇高客体》，季广茂译，中央编译出版社，2014年版，第140页。
② ［斯］齐泽克：《意识形态的崇高客体》，季广茂译，中央编译出版社，2014年版，第150页。
③ ［斯］齐泽克：《延迟的否定：康德、黑格尔与意识形态批判》，夏莹译，南京大学出版社，2016年版，第192页。

拉康精神分析学的能指问题 >>>

拜因的油画《大使们》下方那个著名的骷髅歪像上了封皮。① 在这幅自我否定的错觉画作中，拉康看到了精神分析的穿越幻见的方式。正如人们只能从左边侧面斜斜地看这幅画下面的歪像的时候，我们才会恍然大悟：之前没有发现这是一个骷髅。精神分析师也必须跳出正常的交流目光，从大他者的眼光凝视受分析者的无意识话语，才能看到幻见支持（遮蔽）下的欲望的运作。同时，我们不能与这个视角靠得太近，因为这将毁坏整张画的一致性。

图3-5 霍尔拜因的油画《大使们》

由此，拉康的幻见公式 $S \lozenge a$，有着说出真相和安抚"现实"的双重功能：一种是它的背后是无法承受的实在界欲望（就像骷髅所意味

---

① ［美］史蒂夫·Z·莱文：《拉康眼中的艺术》，郭立秋译，重庆大学出版社，2016年版，第74页。

118

的死亡驱力);一种是它安抚、填充并支撑着的大他者欲望的鸿沟,并让我们获得外在"现实"的一致性。相比于欲望的实在界,外在"现实"的幻见,是我们唯一能承受的。这就是噩梦惊醒的人,在碰触了自身的实在之后,不得不逃回"现实"的原因。穿越幻见,意味着直面实在界的欲望,"涉及欲望不让步"就在于此。幻见在此是无力的:在"你想要什么?"面前,任何询唤都将遭遇到其限度。反过来说,在符号的询唤中,那些实在界的不可能性是早已被禁止的。拉康说"萨德是康德的真理",就是因为:萨德颠倒了性,使得原本是逃避任何程序操控的欲望行为转为一种可操控的被组织规范好的职责,在这一点上,"正好表现出了康德的崇高,这种崇高使我们通过纷扰,通过我们的经验的无边界的特性意识到超经验的尺度的存在"。[①] 然而,在此之前,"性关系并不存在"的限定已先于先验而行。经过阐释症状和穿越幻象,我们不得不将实在内核的不可能性和幻见框架都作为一种最先的限定而接受下来,精神分析就结束在对症状的认同之中,不再与日常现实相疏离。

第二节 症状的临床结构

由于拉康将症状看作是主体享受无意识与参与世界的方式,因此症状的内涵就并非一般病理学意义上的那种由器质性病变所引致的身体反应,相反,症状的形成更多是与主体的历史有着密切联系的。在此意义上,他批判亨利·埃伊的脏器主义,因为后者把一切精神疾病

[①] [斯]齐泽克:《延迟的否定:康德、黑格尔与意识形态批判》,夏莹译,南京大学出版社,2016年版,第48页。

都"归之于组成在身体的皮肤内部的器官之间的作用"。① 早期的拉康在借鉴了结构语言学的工具后，创造性地提出了症状的语言维度，将其与能指结合起来，而晚期又参考了拓扑学的抽象结构，对症状的非语言维度给予了极大关注，并对症状的内涵进行了进一步扩充。在对乔伊斯的写作进行持续观察之后，利用拓扑学的理论工具，他于1975年提出了"症象"的概念。这不仅标示着拉康方法论的转移，更说明了他将症状这个原本属于病理学意义上的概念，拓展延伸到了文学的领域。因此，了解这一演变的过程具有重大的意义。

早期的拉康对症状的分析借鉴了大量弗洛伊德的临床案例，但他对这些案例的解释与弗洛伊德却是截然不同的。这似乎是拉康一贯以来的做法，所谓"回到弗洛伊德"，不过是旧瓶装新酒。相比当时盛行的多类目精神疾病分类标准，拉康对临床结构的划分显得极其简洁。他"依据主体在无意识中的位置以及他们同社会话语的关系"②，将临床结构分为了神经症、精神病、倒错三类。同弗洛伊德一样，拉康将神经症分为癔症（又译歇斯底里）与强迫症两类（后期拉康将恐怖症看作一个转折，可以朝向神经症或倒错）。

一、神经症

按照拉普朗虚与彭大历斯的《精神分析辞典》，神经症被表述为"一种精神情感，其中症状是心理冲突的符号性表达，而这种心理冲

---

① [法]拉康：《拉康选集》，褚孝泉译，上海三联书店2001年版，第154页。
② Jonathan D·Redmond. *Ordinary Psychosis and the Body*. New York：Palgrave Macmillian, 2014. p. 13.

突的根源在于主体的童年历史,这些症状构成了愿望与防御间的妥协"①。结合拉康的理论,不难看出,所谓的"童年历史",就是俄狄浦斯情结,它被拉康看作是神经症的核心情结。不管是大多发生在女性主体身上的歇斯底里,还是以男性主体为主的强迫性神经症,都与此有极大关系。对此,我们将分别予以说明。

(一)歇斯底里的问题

拉康对歇斯底里问题的研究,是以重新阐释弗洛伊德的经典案例——少女杜拉的癔症为代表的(关于此案例可见弗洛伊德于1901年发表的《少女杜拉的故事——一个癔症案例分析的片段》)。在杜拉的个案中,她的症状主要是围绕自己同父亲及K夫妇的关系形成的。父亲与K夫人的秘密情感在之前一直被杜拉所接受,但在K先生向杜拉表达了爱慕之后,她的癔症症状彻底发作了,并开始极力反对父亲同K夫人的关系。弗洛伊德将此归因于杜拉对k先生欲望的压抑,但他未注意到的是,杜拉欲望的并非是K先生,而是K夫人。这种癔症中可能包含的同性恋维度暗示了弗洛伊德分析的失败,而对于拉康来说,杜拉的个案涉及癔症患者的一个普遍问题:"什么是一个女人?"

这就要从女性在大他者中能指的缺失说起。在俄狄浦斯的动态结构中,由于男性全部服从于父法,接受父法的阉割,放弃对客体a的享乐,因此在进入大他者的领域后,得以被能指所表记。而女性主体由于并非全部服从于父法,亦不完全接受大他者的阉割,因此对于女性主体来说,在进入符号界之后,至少有一部分是无法被能指所表达的,这就构成了女性存在之谜,"什么是一个女人"。具体到杜拉的案

---

① [法]尚·拉普朗虚,尚-柏腾·彭大历斯:《精神分析辞汇》,沈志中、王文基译,台湾:行人出版社,2001年版,第266页。

例中，由于杜拉对父亲产生了符号认同，因此她的欲望便是"像父亲一样欲望着"，而作为父亲欲望对象的K夫人，自然也成为了杜拉欲望的对象。但是，随着K先生对杜拉的求爱，使得杜拉必须直面自己的性欲的真相，直面自己作为女性的事实。在第三期的《精神病》研讨班上，拉康指出："杜拉的问题'什么是一个女人'，她对男性的认同，对阴茎持有者的认同，对于她来说，是一种接近逃离了她定义的方式。她使用阴茎作为想象工具来理解她未在符号化中成功获得的。"[1] 这就说明了癔症的形成与女性未接受的完全阉割有关，与能指的不完全性有关，杜拉正是使用通过对父亲的认同去阻止无意识中女性能指缺席所引致的不愉快。在第四期关于《客体关系》的研讨班中，拉康结合L图示，绘制了杜拉的认同（如图3-6所示）。杜拉和K先生位于想象轴，K夫人和杜拉的父亲位于符号轴。K先生作为杜拉想象的小他者，其实质是杜拉自我原型的投射，这就使得杜拉可以逃避自己作为女性的事实。而在符号层面杜拉对作为父亲的大他者的认同，导致了她欲望的对象是父亲的欲望对象——K夫人。而当K先生的求爱使得杜拉的想象认同发生动摇时，她便要面对自己的真相，

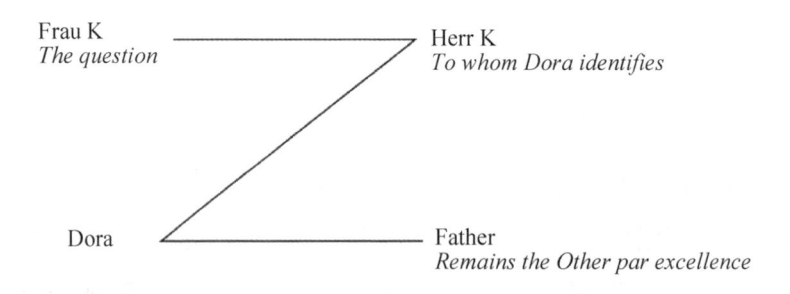

Frau K
The question

Herr K
To whom Dora identifies

Dora

Father
Remains the Other par excellence

图3-6 杜拉的认同图示

---

[1] Jacques Lacan. *The Seminar of Jacques Lacan*: Book Ⅲ, *The Psychoses* 1955—1956. New York and London: W·W·Norton & Company, 1993. p. 178.

因此会相应产生一系列的症状。

"癔症患者在对一个女性彼者的敬意中体验自己,并且将这个女人献给男人,在这个女人身上她爱慕着她固有的女人的神秘性,而她扮演了这个男人的角色,却不能在其中享乐。她无休止地寻找一个女人是什么。"① 这就暗含了拉康对女性的一种角色划分,即女人与母亲。法国精神分析家扎菲罗普洛斯指出:"拉康以女性的欲望来对抗母性的满足,"② 具体而言,由于女性欲望的对象是菲勒斯,因此她渴望成为菲勒斯,所以通过对男性的认同,她便可以"作为"菲勒斯不停欲望着其他女性,这是女性欲望的维度;而所谓母性的满足,是拥有菲勒斯。这也是弗洛伊德一直所强调的,女性在俄狄浦斯情结结束时所发展出的"阴茎妒羡",最终会以同拥有阴茎的男性结婚或生育来得到解决,这是一种恋物式的满足。很明显,拉康侧重女性欲望的维度,而杜拉对K先生的拒绝,也就是对这种母亲地位的拒绝,她所想要的,是"成为大他者欲望的能指——菲勒斯……这也解释了为什么成为菲勒斯是一种可能的女性地位"③。杜拉所处于女性的位置,"认同大他者爱的欲望对象,因此她就被困在了对象的位置,一个她可以借此获得她在的意义的位置,因为这是她主要认同的支撑,但却是以极度的异化为代价的"④。

(二) 强迫型神经症

如果说歇斯底里主体的问题是"什么是一个女人",那么强迫症

---

① 霍大同,谷建玲主编:《精神分析研究第二辑》,商务印书馆2016年版,第167页。
② [法] 马科斯·扎菲罗普洛斯:《女人与母亲:从弗洛伊德至拉康的女性难题》,福建教育出版社,2015年版,第114页。
③ Véronique Voruz, Bogdan Wolf edited. *The Later Lacan*. New York: State University of New York Press, 2006. p. 171.
④ Véronique Voruz, Bogdan Wolf edited. *The Later Lacan*. New York: State University of New York Press, 2006. p. 167.

拉康精神分析学的能指问题 >>>

主体的问题便是"我是活着还是死了"。拉康对强迫症的阐述同样源自弗洛伊德的一个经典临床案例——鼠人（关于此案例可参考弗洛伊德《鼠人——强迫官能症案例摘录》）。在此个案中，强迫症主体坚持要把一笔费用（邮寄眼镜的费用）还给 A 中尉，否则他认为他所爱的人（父亲和他心爱的女人）便会遭受鼠刑，而事实上，他的父亲早已去世多年，而且 A 中尉并非那笔邮费的垫付者，真正的垫付者是邮局的一位姑娘。与弗洛伊德将侧重点放在鼠刑与肛门性欲上不同，拉康对此个案的分析侧重于那笔未偿还的债务（邮寄眼镜的费用）。在《神经症的个人神话》中，他对此个案以及强迫症做了深入的分析。

拉康将强迫症看作是一种神话建构，而这种建构必然与主体历史有着密不可分的关系。结合鼠人的成长背景，他从其个体历史中摘取了两个对他影响甚大的关键事件，这两个事件都发生在鼠人父亲的身上，而鼠人的强迫症症状，便是这两个事件的结合与投射。首先，是与鼠人父亲相关的一个事件，在父亲与鼠人富有的母亲结婚前，他所爱恋的对象是一位贫穷的姑娘。拉康从中抽象出了富女人与穷女人的对立，由于"父亲的事件成为一个结构铭记在鼠人身上"，[1]因此，在鼠人的生活中，富女人具体化为支付邮费的姑娘，而穷女人则是他在演习中遇到的服务员。其次，父亲曾欠下一笔赌债，而偿还债务的费用是由父亲的一位朋友垫付的，但最终这笔钱未被归还给那位朋友。鼠人坚持要把费用还给军官，就是这一事件的加密性重复。而症状之所以产生，就在于"这笔债务的元素是被同时放置在两个层面上的，而将这两个层面放到一起是不可能的，因此，神经症的戏剧就展

---

[1] Stuart Schneiderman edited. *Returning to Freud: Clinical Psychoanalysis in the School of Lacan.* New Haven and London: Yale University Press, 1980. p. 137.

开了"。① 这样，强迫症结构就形成了一种四角关系，如图 3-7 所示：

$$
\begin{array}{ccc}
\$ & \longleftrightarrow & \$' \\
\updownarrow & & \updownarrow \\
a & \longleftrightarrow & a'
\end{array}
$$

Lacan's Two Surprise Moves

图 3-7 强迫症结构的戏剧

左上角的 $ 代表强迫症主体，右上角的 $′代表主体的"替身"，左下角的 a 代表主体的爱人，右下角的 a′代表主体浪漫需求的对象。主体与其"替身"之间是一种自恋性关系，而 a 与 a′的对立暗示了性对象的分裂。将此图示应用到鼠人的个例中，左上角的 $ 代表鼠人自己，其"替身"为自己的父亲，左下角的 a 为鼠人的母亲，而 a′则是父亲曾经的恋人。就鼠人的现实生活而言，他也面对着和父亲当初同样的问题："一个关于它是否应该保持对他所爱的恋人的忠诚的问题，尽管她贫穷。或者他是否应该沿着他父亲的足迹而娶已经指定给他的、可爱的、富有的并且得以广结豪门的女孩的冲突被置于他的心中"。② 基于此，他的"替身"才成为父亲。就鼠人的强迫观念"如果不把邮费还给 A 中尉，否则自己所爱的人（父亲和心爱的姑娘）便会遭受鼠刑"来说，这形成了一个僵局——鼠人永远无法把邮费还给

---

① *Reading 'The Neurotic's Individual Myth' —Lacan's Masterwork on Obsession.* www. LacanOnline, 2013. 9. 23.
② 霍大同，谷建玲主编：《精神分析研究第二辑》，商务印书馆 2016 年版，第 175-176 页。

A中尉，因为后者并非真正垫付邮费的人。正是这一移置的失败，形成了一系列的问题。而"父亲和自己心爱的姑娘将遭受鼠刑"的观念除了给主体带来惊恐、焦虑之外，还有些许愉悦。"在他述说故事的这些重要时刻，他显露出某种奇怪的、混合的表情。我只能将之诠释为他对自己从未察觉到的愉悦感到惊恐。"①

在鼠人的强迫性观念中，有两个关键词是分析其症状的要点，即"父亲"和"鼠刑"。这再一次提醒我们父性功能的重要性与强迫症中所包含的色情化因素。由于"强迫性精神官能症是关乎主体存在的问题"②，而对父亲这一能指的认同，直接影响着主体是否能够进入符号界，获得自身的存在。拉康在《主体的颠覆》中指出："对于这样说话的人而言，原乐是被禁止的。"③ 而强迫症患者则"假装自己是语言律法的主人"④，以期将原乐用语言描述出来，其"最重要的表现就是他思维的色情化"。⑤ 回溯鼠人的个体历史，可以发现，在鼠人的成长历程中，渴望父亲死去的念头一直存在着，最初是在12岁时，由于爱上了一位朋友的妹妹，而渴望用父亲去世这种不幸的事情换取对方的深情。其次是在20岁，由于爱上一位贫穷的女孩，他渴望父亲去世，自己获得遗产以娶这位女孩。直至父亲去世的前一天，他再次有了这

---

① ［奥］弗洛伊德：《鼠人：强迫官能症摘录》，林怡青，许欣伟译，社会科学文献出版社，2015年版，第43页。

② ［英］狄伦·伊凡斯：《拉冈精神分析辞汇》，刘纪蕙，廖朝阳，黄宗慧，龚卓军译，台湾：巨流图书股份有限公司2009年版，第213页。

③ Mark Bracher, Marshall W. Alcorn, Jr., Ronald J. Corthell, etc. *Lacanian Theory of Discourse: Subject, Structure, and Society.* New York and London: New York University Press. 1994. p. 149.

④ Ibid.

⑤ Mark Bracher, Marshall W. Alcorn, Jr., Ronald J. Corthell, etc. *Lacanian Theory of Discourse: Subject, Structure, and Society.* New York and London: New York University Press. 1994. p. 149.

种想法。这就说明了主体对父亲认同的不完全，据鼠人的回忆，在幼年时期，对年轻保姆彼得小姐身体的抚摸让他获得了巨大的快感，而对于这样感官欲望的东西，鼠人"必定觉得父亲从某方面来说是个阻碍"。① 因此，对于鼠人来说，父亲与童年期获得的性快感之间形成了一种对立关系。就符号的层面而言，父亲代表着符号律法，而性快感则和原乐有关，对于任何在符号界获得存在的人来说，唯一的途径是舍弃原乐，认同父亲能指。而鼠人的矛盾之处在于，一方面他不愿舍弃原乐，另一方面又不想完全认同父亲，这就导致了他的存在问题。他强迫性观念中的鼠刑，是与肛门密切相关的，与性有着密切的关系。因此，拉康指出："强迫症在生活中遇到的两个要求：第一，必须在性的领域为自己索取一个位置。第二，试图获取一种愉悦，一种以性对象的平静与单一为特点的愉悦"。② 但这两个要求均是无法实现的，就前者而言，他会选择一个"替身"来逃避自己遇到的实际问题，就后者而言，由于性对象发生了分裂，爱的对象与欲望的对象发生了分离，导致了欲望的不可能。因此，强迫性观念是失调的，它不断循环着，这些观念构成了能指的短路，它无法同能指链联系，无法在能指链的正常运作中运行。

二、精神病

拉康所提出的第二种临床结构是精神病，他对精神病的重视，不

---

① ［奥］弗洛伊德：《鼠人：强迫官能症摘录》，林怡青，许欣伟译，社会科学文献出版社，2015年版，第54页。
② Reading 'The Neurotic's Individual Myth' —Lacan's Masterwork on Obsession. www.LacanOnline，2013.9.23.

仅体现在他博士论文中对一名女性精神病患者埃梅的分析上,更系统地体现在他于1955—1956年间所举办的《精神病》研讨班中。对精神病分析最为著名的一个个案,是关于一名叫作史瑞伯的法官,他在精神病发作期间,根据自己的妄念所记录发表的《我的精神病回忆录》,经由弗洛伊德分析注解后,一度成为许多精神分析师关注的焦点,拉康也不例外。在《精神病》研讨班中,他根据此个案,结合自己的相关理论,提出了对精神病形成的看法。在此次研讨班上,拉康直接为精神病下了一个定义:"什么是精神病现象呢?它是在现实中出现的大量意义,但这些意义看起来却什么都不是,它无法同任何事物相联系,因为它从未进入符号化的系统,但在特定的条件下它会威胁整个符号体系。"① 由于意义的产生是能指运作的结果,因此,精神病的症结在于,大量的意义无法被整合到符号界,无法同能指链发生联系,究其原因,乃是父之名能指的拒斥。

  在史瑞伯的妄念中,可以这样概括:"他自认为受到召唤,肩负救赎世界并重获幸福的责任。要实现这一切,他首先必须把自己从男人变成女人"。② 简而言之,史瑞伯作为拯救者,必须变为女人同上帝交媾,满足上帝的淫乐。这一妄念暗含了两个因素,其一是由男人变为女人所必需的阉割,其二是成为满足上帝欲望的客体。那么,这种妄念是如何形成的呢?这就需要结合史瑞伯的个体历史来回溯。根据拉康对俄狄浦斯结构的陈述,对于心理常态的主体而言,进入符号界的途径是由父之名的能指取代主体对母亲的欲望,打破母子间的双重

---

① Jacques Lacan. *The Seminar of Jacques Lacan*:*Book* Ⅲ, *The Psychoses* 1955—1956. New York and London: W·W·Norton & Company, 1993. p. 85.
② [奥]弗洛伊德:《弗洛伊德心理治疗案例两种:施雷伯大法官 少女杜拉的故事》,李韵译,上海锦绣文章出版社,2012年版,第8页。

联盟，主体从一开始将父亲当作竞争对手，在发现自己的无力后转而认同父亲，获得菲勒斯的意义，从而在符号界获得自身的铭记。就史瑞伯的个案来说，他的父亲并没有在这一层面发挥作用，尽管他的形象威严、受尊敬，但就象征层面来说，他并未实现其功能，对母子二人进行分离，这直接导致了父性阉割的失败。但是，阉割的能指会以幻觉形式返回到现实之中。因此，史瑞伯妄念中的由男人变为女人，正是这一阉割能指在发挥作用。"父亲的名字被排斥、否定，父亲的名字从来没有到达他者之处，因此不能在那里形成对主体的象征性对抗，由此精神病发生了。"① 比利时精神分析师德·威尔汉斯指出，由于史瑞伯"不能认可他父亲作为竞争对手的位置，但却选择了父亲成为爱的客体，这等同于对父亲身份的排斥、否定"。② 将父亲当作爱的客体，这一父亲的形象在其妄念中被上帝所取代，因此他需要成为上帝的妻子。在施瑞伯的想象世界中，有一个缺口在不断扩大，这是对"象征性隐喻缺场"的反应，这个缺口反过来"只能发现他在完成阉割的过程中被瓦解"。③ 如果说，"神经症主体通过话语和幻见获得原乐的装置"，那么精神病主体则"通过妄想获得原乐的装置"，④ 这一观点在史瑞伯的个案中得到了确认。按照弗洛伊德的相关陈述，在精

---

① [比] 阿方斯·德·威尔汉斯，威尔弗莱德·维尔·埃克：《现象学和拉康论精神分裂症——在脑研究十年之后》，胡冰霜，王颖译，四川大学出版社，2011年版，第207页。

② [比] 阿方斯·德·威尔汉斯，威尔弗莱德·维尔·埃克：《现象学和拉康论精神分裂症——在脑研究十年之后》，胡冰霜，王颖译，四川大学出版社，2011年版，第210页。

③ [比] 阿方斯·德·威尔汉斯，威尔弗莱德·维尔·埃克：《现象学和拉康论精神分裂症——在脑研究十年之后》，胡冰霜，王颖译，四川大学出版社，2011年版，第204页。

④ Véronique Voruz, Bogdan Wolf edited. *The Later Lacan*. New York：State University of New York Press, 2006. p. 80.

神病发作之前,史瑞伯是一个倾向于禁欲、道德严苛的人,并且对上帝持怀疑态度,但是在发病后,由于他妄念中含有深厚的宗教因素,因此,他坚定地相信上帝的存在,并且试图满足上帝的淫乐。在史瑞伯观念中的上帝,俨然成为了一个不断要求持续快慰的客体,而史瑞伯也在满足上帝要求的过程中,获得了性快感。这种无法用语言描述的快感,便是原乐,由于拒斥了父之名这一关键性能指,菲勒斯的意义被缺失,因此对于史瑞伯来说,能指链在运作中缺少了锚定点,意义无法被暂时固定。当史瑞伯在现实生活中面临父亲身份缺失这一问题时(他的婚姻幸福美满,却没有孩子),父之名这一缺失的能指便被带入了妄想,父亲、母亲、孩子之间的俄狄浦斯结构由于父亲能指的缺席产生了一个空位,但这个缺口通过被拒绝的能指从意识返回到幻觉中来将自己填充,从而维持精神的平衡。"瀑布般的突发妄想使能指处于运动之中,妄想主导的灾难开始爆发,一直打到能指与所指在妄想的隐喻中均衡的程度。"①

可以看出,在史瑞伯的妄念中,原乐本是属于实在界的,因此,他也是从实在的层面经验自己的身体。对于分析师而言:"在精神病中,要点在于从实在界走向符号界,并且建构一个症状"。② 对于精神病来说:"无意识是存在的,但由于缺乏了关键的能指而无法运作"。③ 因此建构一个症状,将此症状作为能指置入能指链中,保证能指链的正常运作,保护主体同实在界隔离开来,是治疗的关键。

---

① [比] 阿方斯·德·威尔汉斯,威尔弗莱德·维尔·埃克:《现象学和拉康论精神分裂症——在脑研究十年之后》,胡冰霜,王颖译,四川大学出版社,2011年版,第209页。
② Véronique Voruz, Bogdan Wolf edited. *The Later Lacan*. New York: State University of New York Press, 2006. p. 79.
③ [英] 狄伦·伊凡斯:《拉冈精神分析辞汇》,刘纪蕙、廖朝阳、黄宗慧、龚卓军译,台湾:巨流图书股份有限公司2009年版,第259页。

三、性倒错

性倒错（又译性变态）是拉康提出的第三种临床结构，与借助个案对神经症、精神病的分析不同，拉康对性倒错的阐述是较为零散的，除了收录在《文集》中的《康德同萨德》一文外（中译本的《拉康选集》未收录这一篇），他也在研讨班中零星地对其进行了探讨。在《康德同萨德》一文中，拉康将两位看似完全相反的哲学家并置在一起进行讨论。前者是一位道德严苛、长期禁欲的哲学家，后者却是以色情文学著称的施虐狂，但拉康通过对萨德式施虐狂的分析，将其代表作《闺房哲学》看作是对康德《实践理性批判》的补全，若想深究其因，就需要系统分析拉康对性倒错的看法。

在第一期的研讨班中，他为性倒错下了这样一个定义："变态是什么？变态不只是单纯的乖离社会标准的做法，不只是违背良善道德的变异，虽然这个层次并非不存在。变态也不是不合自然标准的非典型表现，我们不能说变态在某种程度上就是性联结的生殖机能失落而退化。就根本结构来说，变态是完全不一样的东西。"[1] 可以看出，拉康并未将性倒错看作是异常的，同神经症和精神病一样，它只是一种结构。那么，这种结构是如何形成的？

这仍需要从俄狄浦斯结构说起。与精神病对父之名能指的拒斥不同，性倒错乃是对父亲功能的拒认。母子间的相互依存状态——母亲假设孩子拥有能满足自身欲望的菲勒斯，而孩子也将自己认同于能满足母亲欲望的客体，随着父亲的介入而被迫中止，孩子开始认识到自

---

[1] ［英］狄伦·伊凡斯：《拉冈精神分析辞汇》，刘纪蕙、廖朝阳、黄宗慧、龚卓军译，台湾：巨流图书股份有限公司2009年版，第232页。

己无法满足母亲的欲望，而认同拥有菲勒斯的父亲，放弃对母亲的欲望，排出母子一体的原乐，是主体进入符号界的代价。性倒错主体的问题在于，他在认清这一事实后，却拒绝接受它。"性倒错者知道符号界是由能指的任意性构成的，因此他们拥有一种特定的知识，关于符号界的任意性和无根基性的知识。"① 由于父亲的功能代表了符号界。因此"父亲的功能被建立了，然后被贬低的一无是处。主体仍认同于母亲欲望的客体"。② 这在恋物癖中表现得最为显著。

其次，性倒错与驱力有着密切的联系。在第十一期研讨班上，拉康指出："驱力的目的不是抵达目标，而是依循其目的，也就是环绕此对象。"③ 可以看出，驱力是无法被满足的，它是从其循环的途径中获得快感。而驱力的循环，往往是围绕着性感带（口、眼、肛门等）进行的。拉康在1957年，绘制了驱力的公式 $S \Diamond D$，这一公式可解释为：被划斜线的主体对大他者的要求做出回应。这就说明了驱力的来源，即大他者的要求。"原初缺失的对象就是驱力的源泉，它被拉康定义为对大他者要求的回应。驱力可以通过梦或幻见等欲望的想象形式表达，或通过社会领域中的作品表达。否则，它便会成为一种致命的能量形式，一种身体症状中的死亡驱力，这种死亡驱力在排除了大他者的同时会遵循性感带的路径游走。"④ 但是，由于倒错者拒绝接受

---

① Willy Apollon, Danielle Bergeron, Lucie Cantin edited. *After Lacan*：*Clinical Practice and the Subject of the Unconscious*. New York：State University of New York Press. 2002. p. 156.
② Willy Apollon, Danielle Bergeron, Lucie Cantin edited. *After Lacan*：*Clinical Practice and the Subject of the Unconscious*. New York：State University of New York Press. 2002. p. 159.
③ [英] 狄伦·伊凡斯：《拉冈精神分析辞汇》，刘纪蕙、廖朝阳、黄宗慧、龚卓军译，台湾：巨流图书股份有限公司2009年版，第75页。
④ Willy Apollon, Danielle Bergeron, Lucie Cantin edited. *After Lacan*：*Clinical Practice and the Subject of the Unconscious*. New York：State University of New York Press. 2002. p. 143–144.

阉割的事实，也就是拒绝向大他者欲望的律法低头，他自然会否认驱力是能指运作的结果。那么，对于倒错者来说，驱力源自哪里呢？"倒错者试图将驱力的能量等于有机体或直觉，将能指的效果简化到了器官的逻辑"。① 因此，"相比菲勒斯功能和能指的逻辑，倒错者更颂扬天性的至高性和器官的逻辑"。② 而颂扬器官的逻辑，实则是对原乐的追寻。

否认能指的效果，还会导致主体性的消除。拉康曾指出，主体是一个能指对另一个能指所表示的东西，由于倒错者否认能指的效果，拒绝向能指屈服，这就导致了欲望的消失。倒错者的目标，从来就不在符号界，而在于无法用能指所表示的原乐中。对于他们来说，与符号界相关的任何东西都是直抵原乐的阻碍，他们只想要原乐，因此把自身当作了满足原乐的工具。在《康德同萨德》中，拉康绘制了倒错的公式 a ◇ $\mathcal{S}$，这与幻见的公式正好相反，"变态主体所占的位置是痛快意志的对象兼工具"。③ 如"窥视癖就是变态主体把自己定位为视觉驱力的对象，施虐狂/受虐狂则是主体把自己定位为召唤驱力的对象"。④ 他们抵制能指的律法，而试图构建自身的律法，以凌驾于大他者之上，他们所忍受的所有痛苦，都是为了实现原乐，这就如萨德笔下的主人公，在经受了一次次被虐待的折磨后，仍然能恢复如初。

---

① Willy Apollon, Danielle Bergeron, Lucie Cantin edited. *After Lacan：Clinical Practice and the Subject of the Unconscious*. New York：State University of New York Press. 2002. p. 156.
② Willy Apollon, Danielle Bergeron, Lucie Cantin edited. *After Lacan：Clinical Practice and the Subject of the Unconscious*. New York：State University of New York Press. 2002. p. 152.
③ [英] 狄伦·伊凡斯：《拉冈精神分析辞汇》，刘纪蕙、廖朝阳、黄宗慧、龚卓军译，台湾：巨流图书股份有限公司 2009 年版，第 234 页。
④ [英] 狄伦·伊凡斯：《拉冈精神分析辞汇》，刘纪蕙、廖朝阳、黄宗慧、龚卓军译，台湾：巨流图书股份有限公司 2009 年版，第 234 页。

"性倒错者的任务,是要发现一条律法,超出社会秩序的伪装,它可以将安慰带给他们所受的折磨。"①

四、结语

可以看出,与常规意义上将神经症、精神病与性倒错看作是病理性的不同,拉康侧重分析的是这三种现象的临床结构,可以说,这三种结构的形成均与父之名能指有着密切的关联,从中也可看出拉康对症状语言维度的侧重。就神经症患者来说,他们不会完全地放弃对客体小 a 的享乐,因此强烈拒绝大他者的阉割。因此,作为接受过父法阉割的父亲对于他们来说是无法接受的,他们希冀的是一个未经阉割的、完整的父亲。拒绝阉割导致神经症患者无法在符号界获得完全的铭记,由此既引出了关于存在的问题"我是活着还是死了",以及性别位置的问题"我是一个男人还是一个女人。""神经症患者不想要的,并且直到分析的终结还强烈地拒绝的,就是为大彼者的享乐牺牲他的阉割,让它为他服务。"② 拉康之所以在分析神经症时,提出"个体神话"一词,要义就在于神经症患者总是将这个俄狄浦斯神话永恒化,这个神话作为原初失败的场景,不断被重复着,又不断遭遇着失败,能指链一次次循环在一个僵局中,用梅洛-庞蒂的表述来说,就是"非个人的时间继续在流逝,但个人的时间固定下来了"。③ 这种情况也是仅在神经症中出现的,"这种陷入剧情是神经症所特有的。在

---

① Jean-Michel Rabaté, . ed. *The Cambridge Companion to Lacan*. New York: Cambridge University Press, 2003. p. 192.
② 霍大同,谷建玲主编:《精神分析研究第二辑》,商务印书馆2016年版,第160页。
③ [法]莫里斯·梅洛—庞蒂:《知觉现象学》,姜志辉译,商务印书馆2011年版,第117页。

精神病中，没有能够被重演的俄狄浦斯悲剧……至于倒错，其特征是不变的剪辑，它的目标是接近客体并且既不给出一个故事也不给出具体人物"。① 而在精神病中，父性隐喻的失败导致部分意义无法被有效组织，而形成了意义的超载。"精神病是对现实的反映，该现实不能借想象或象征来赋予意义。"② 既然父性隐喻失败，那么精神病患者的身体就无法被符号赋予意义，因此他们是在实在的层面经验身体的，这种经验身体的方式，缺少了符号的表征与想象的距离，正如施瑞伯法官一样，通过妄想，将自己当作了"女人"，当作了上帝的妻子，来获得原乐的装置。而倒错者明确父性隐喻的意义，明确符号界的律法，但仍拒绝向大他者屈从。他们试图寻求大他者中没有的原乐，并且甘愿为此原乐的获得受折磨。他们信奉器官的逻辑，天性的崇高，将之看作是比大他者律法更为重要的规则。许多作家都推崇这种原乐的至上性，包括从萨德的《索多玛的120天》，到马索克《穿裘皮的维纳斯》，这些作品都反映着作家对原乐的追寻。对于分析师来说，只有认清三种不同的临床结构，才能采取相关的手段进行治疗。对于神经症来说，关键在于解开能指的短路，使能指链能够正常运作，对于精神病来说，则是要建构一个症状，并且将案主从实在界层面带回到符号界，而涉及倒错，则应该展示大他者原乐的不存在性，重新巩固能指的律法。

---

① 霍大同，谷建玲主编：《精神分析研究第二辑》，商务印书馆2016年版，第159页。
② ［比］阿方斯·德·威尔汉斯，威尔弗莱德·维尔·埃克：《现象学和拉康论精神分裂症——在脑研究十年之后》，胡冰霜，王颖译，四川大学出版社，2011年版，第47页。

第三节　文学作为"症状"

一、能指的物质性

在第二十期研讨班中,拉康指出:"书写是一种痕迹,在其中可以读出语言的效果。"① 也就是说,书写是语言所留下的痕迹。在拉康理论发展的早期,由于借鉴了索绪尔的语言学工具,拉康对言说的能指更为侧重,他所开设的长达 27 年的研讨班,大部分也是采用了口头言说的方式授课,相比之下,拉康留下的书写资料仅《拉康选集》一本。这是因为,常规的书写必须按照一定的句法规则来进行,这样便导致了意义的固化,而在言说时,除了主体有意识地在说之外,更有无意识地言说不断冲破被表达的能指链,口误、忘词等现象均是无意识在言说的表现。因此,相比书写,言说能为意义留下更多的空间,能为意义的丰富性提供更大的可能。拉康研讨班的风格亦是如此,带有强烈的"即兴发挥"风格,也正是这种独特的言说方式,可以在不经意间将无意识的真相传递出来。但是,在拉康研讨班的后期,他几乎很少言说,而是在黑板上不停地画着一个个拓扑图形,然后再擦掉,再画……所留下的,只是些被擦掉的痕迹,可以从拉康的表现看出,他在后期对书写给予了极大的重要性,这是为什么呢?

需要注意的是,拉康的书写绝非常规意义上的书写,即那种依靠

---

① Jacques lacan (translated by Bruce Fink). *The Seminar of Jacques Lacan*; Book XX, *Encore*1972—1973. New York and London: W·W·Norton & Company, 1998. p. 121.

纸笔等工具按照句法将文字进行排列的方式,相反,在更大意义上,它是站在常规书写的对立面上。如果说一般的文字通过作者的组合安排以表达意义、提供意义,那么拉康的文字恰好相反——它反对意义。作为书写痕迹的文字,被拉康看作是具体话语从语言中借来的物质介质。由于语言是一个能指的系统,拉康的这一界定也间接说明了文字和语言能指的区别。按照学者汤姆·埃尔斯(Tom Eyers)的解释,文字其实是一种孤立的能指。拉康早在第三期研讨班中就指出,能指是对称存在的(菲勒斯能指除外),比如能指"日"的在场意味着"夜"的不在场,也正是能指间的相互区别,形成了能指的差异性关系,从而构建了能指链。而作为非对称性存在的能指菲勒斯,拉康借用了海德格尔的术语,将之界定为"外存在"(ex-exist)于符号界的,即符号界的正常运作必须依靠它,但它又不属于符号界。汤姆·埃尔斯之所以将文字界定为孤立的能指,是指相比于符号界其他相互关联的能指,文字很难和这些能指产生关联,它无法被带入能指链中运作。相比符号界能指的对称性,这种孤立的能指更强调单极性。

  文字与能指的差别正基于此,而以文字为介质的书写,也区别于一般意义上的书写。拉康意义上的书写,是将实在作为其中心的。符号界的能指无法抵达实在,而文字则是围绕实在来进行的。"字母分离了知识和原乐的领域,同时又在文本中将它们联结起来,这样,它就组成了自己的边界。"[1] 这种书写的方式的典型便是波罗米扭结。"我已经证明了波罗米扭结是如何可以被书写的,由于它是一种书写,一种支撑实在的书写,这就说明……实在界不仅可以被书写所支撑,

---

[1] Ellie Ragland and Dragan Milovanovic. *Lacan: Topologically Speaking*. New York: Other Press, 2004, p. 206

而且关于实在界,也没有其他的实际想法了。"① 能指关注的是言说的维度,而书写是通过波罗米纽结的形式展开,它围绕着对象 a 进行。这也是拉康区别于德里达的地方,在德里达看来,书写是一种痕迹,一种手稿的踪迹,而拉康的书写是一种接近实在的方式。对实在界的思考,是拉康晚期研究的重点。作为一个没有规则、只能引起焦虑的铭记,拉康认为它是"仅可以通过书写被打开的"。②

二、乔伊斯作为症状

拉康早期将症状看作一个隐喻,试图用语言学的工具对之进行分析。后期,在接触到了乔伊斯的作品后,拉康特意展开了针对乔伊斯的讨论班。在 1975 年 6 月,拉康受邀在乔伊斯专题报告会上发言,他发言的内容是《乔伊斯这个症状》(Joyce le symptome)。当时他采用的术语仍是"症状",但在研讨班的后期,他将"症状"概念做了一步扩展与更新,成为了症像(sinthome)。

从拉康对乔伊斯作品的分析可以看出精神分析的艺术转向,事实上,拉康早期就同诸多艺术家交往密切(如布列东、达利等),他对艺术作品的分析,也区别于常规的精神分析。常规的精神分析,总是将作品与作者的个人经历联系起来,将之看做是作者童年经历、俄狄浦斯清洁、创伤等的映射,试图通过对作者生活经历的回溯赋予作品意义。而拉康的分析正好相反,如果说传统的精神分析是将作者与作

---

① Tom Eyers. *Lacan and the Concept of the 'Real'*. New York: Palgrave Macmallian, 2012, p. 145.
② Tom Eyers. *Lacan and the Concept of the 'Real'*. New York: Palgrave Macmallian, 2012, p. 146.

品分离，用作者来阐释作品的话，拉康的要义在于，作品是如何构建起了作者，《尤利西斯》《芬尼根守灵夜》等作品，构织了乔伊斯这个主体。

涉及主体的构成，就必须提到拉康的三界理论，在后期，拉康用波罗米纽结来说明三界的空间关系，如图3-8所示（此图为波罗米纽结的2D图形）：

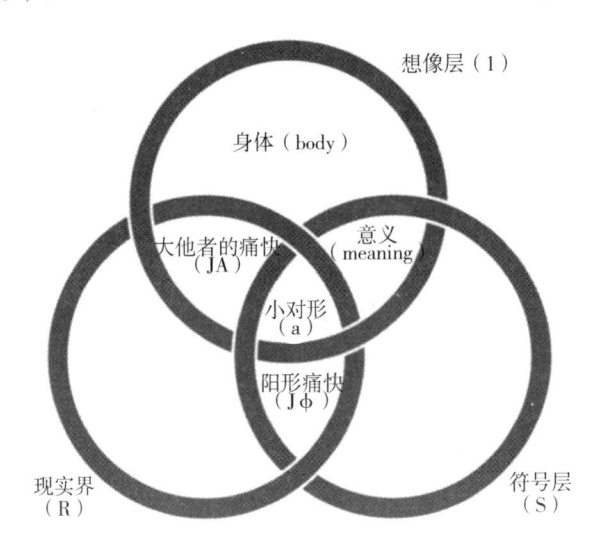

图3-8 波罗米纽结①

在这个结构中，三个圆环被连接在一起，彼此间相互支撑，三者是一种平等关系，没有任何优先性，这就是想象界、符号界、实在界间的关系。"想象界的一些东西被移置到了符号界，而符号界的一部分又来源于实在界，实在界的一部分领域插入到了想象界。"② 随着这

---

① 此图出自台北巨流图书有限公司出版的《拉冈精神分析辞汇》，其中的小对形即对象a。
② Roberto Harari（translated by Luke Thurston）. *How James Joyce Made His Name: A Reading of the Final Lacan*. New York: Other Press, 2002, p.15.

种交叉重叠，也产生了一些东西。想象界主要和身体的完整性有关，从镜像阶段开始，主体就获得了一种关于掌控自己身体的自主性幻觉，从而建立起统一的身体形象。想象界与符号界交叉的意义，是由主体通过对父之名能指的认同获得的，放弃对母亲的欲望，放弃乱伦带来的原乐，屈从于父法，接受符号阉割获得意义，这就意味着主体把身体交给了大他者，经受能指的切割。由于在进入符号界之前，主体必须排空身体中的原乐，因此在符号界中，能获得的只有菲勒斯原乐，即通过能指获得的原乐。一些拒绝接受符号阉割的主体（精神病主体）则希望获得大他者的原乐，它超越能指，无法通过能指来获得。因此想象界与实在界的交叉形成了大他者的原乐。而在三个圆环中间，是对象a的位置，对象a属于实在界，但它又同想象界与符号界有着密切联系，它既是想象界代表镜像的i（a），也是符号界引起欲望转喻的欲望之因，因此被安置在了中心的位置。

在拉康关于精神病的结构分析中，父性隐喻的失败是导致精神病的直接原因，它意味着主体无法进入符号界，获得身份认同。然而，乔伊斯却是一个例外。在乔伊斯的个案中，父性隐喻失败导致了菲勒斯意义的缺失，但他之所以没有发展为精神病，是由于他用了一种特殊的书写方式，而这种方式填补了他的菲勒斯。在第二十三期研讨班中，拉康指出："乔伊斯用一种不同的用法书写他的母语，一种和寻常用法远远不同的用法。"[①] 在《尤利西斯》和《芬尼根守灵夜》中，里面充斥着大量的变形词，乔伊斯新造的词，混合词等，这些词不合常规用法，其构成含混不清，意义模棱两可，飘忽不定。他所用来书写的能指，便是拉康意义上以实在为中心的文字。"我总是在思索着

[①] Jacques Lacan. The Seminar of Jacques Lacan：BookXXIII：*Joyce and the Sinthome*1975—1976. www.lacaninireland.com.

一个事实,当一个人阅读《尤利西斯》时,广为震惊的是乔伊斯文本中所包含的大量的谜,它并不仅仅是大量存在的东西,而可以说是他玩弄的东西。"① 乔伊斯对能指的主观"玩弄",颠覆了能指对主体的决定性,不需要依靠能指,乔伊斯也能够以这样一种方式获得自身的连续性。"这个能指具有一种功能,它可以将父亲的语词推延到文本的作者上去。对于作者来说,文本主要由父亲唤起。"② 乔伊斯的文本代替了父性隐喻发挥作用,他在符号界外获得了自身的连续性。乔伊斯的这种结构,便是拉康所命名的症象:"我们得出了症象的定义,是由无意义的实在元素为主体提供联系性"。③

正如乔伊斯对词语的创造一样,sinthome 这一词,也是拉康结合了多个词进行创造的。在 1975 年之后,拉康深受乔伊斯影响,开始了自己的"造字法",双关语、变体、古语词、凝缩词等,在他的文本中比比皆是。就 sinthome 一词来说,它是拉康结合了乔伊斯的相关文本进行创造的。它包括 home,比如在《都柏林人》中,乔伊斯提到了 home rule,渴求爱尔兰的独立;还包括 st. thomas,因为托马斯·阿奎那关于 claritas(颖悟)的概念深深影响了乔伊斯,这可以体现在乔伊斯作品中的"显灵"时刻,另外这个词还是 symptome(症状)的古体词;还包括了 saint homme(圣人)的意思,因为在拉康看来,乔伊斯认同的不是屈从符号律法的父亲,而是一个未接受符号阉割的父亲,即弗洛伊德意义上的"原父"。同其他能指不同的是,sinthome 具有单

---

① Jacques Lacan. *The Seminar of Jacques Lacan*:*BookXXIII*:*Joyce and the Sinthome*1975—1976. www. lacaninireland. com.
② Jacques Lacan. *The Seminar of Jacques Lacan*:*BookXXIII*:*Joyce and the Sinthome*1975—1976. www. lacaninireland. com.
③ Roberto Harari(translated by Luke Thurston). *How James Joyce Made His Name*:*A Reading of the Final Lacan*. New York:Other Press,2002,p. 15.

极性的，具有无法交换的价值。那么，症象如何通过能指来传递呢，正如拉康所说："这就是我整个研讨班所试图解决的问题"。[①] 要明白症象与能指的关系，首先要明确症状与症象的区别。

在症状中，身体的一部分同符号界能指的关系断裂，能指在身体上形成了"短路"，这部分身体"外存在"于符号界，无法用能指来化约。临床中很多歇斯底里案主在未有器质性病变的基础上，出现部分身体的疼痛、僵硬、瘫痪，就是能指"短路"的结果。但是，案主相信症状是有意义的，通过向医生、分析师的求助，他们向大他者发问，请求赋予症状意义，以将短路的能指重新带回到能指链中，保证身体在大他者领域的正常运作。当身体被重新带入大他者的领域后，就可获得菲勒斯原乐。症状的形成与父之名能指有着密切的关系，父之名能指的拒斥、挫败、剥夺都会导致症状的形成，因为这意味着主体没有彻底屈从于大他者的律法。拉康曾指出，症状是一个隐喻，这就点名了症状的语言学维度——可以通过能指来赋予其意义。

由于症象（sinthome）是症状（symptom）的古体词，因此它包含了症状的部分意义，但其内涵却更为复杂。症象是拉康为波罗米纽结增添的第四环，如图3-9所示：

"不管如何完成三环波罗米纽结的简明性，只有从第四项开始——我强调这个——通过与第四项衔接，我们发现

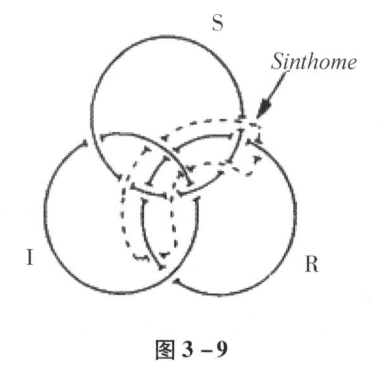

图3-9

[①] Roberto Harari (translated by Luke Thurston). *How James Joyce Made His Name: A Reading of the Final Lacan.* New York: Other Press, 2002, p. 210.

了一条向前的道路。"① 但是，尽管症象将三界联结在了一起，但它自身却是意义之外的。它"指的是一种超越了分析的所表表述，是痛快（原乐）的核心，完全不受符号层的势力影响"。② 这就意味着，症象是外在于话语、外在于无意识的，它只能被拓扑地书写（波罗米纽结书写），无法用能指言说。那么，是被什么书写出来的呢？换句话说，这种拓扑书写的物质支撑是什么呢？是牙牙语（lalangue）。牙牙语和语言不同，它"明显地指示着一种单极的过程，因为它建立在如果我们只考虑这个特殊的词，建立在一个原初过程的功能上，用弗洛伊德的话来说，就是凝缩"。③ 不难从乔伊斯的文本看出，他使用了大量的凝缩词，在《芬尼根的守灵夜》开篇，提到亚当和夏娃时，乔伊斯称呼亚当为"M'Adam"，这个词不仅包括了亚当的名字，名字的前面还增加了法语词 monsieur（先生）的缩写，而夏娃则被写作 Evie，包含了夏娃的名字和法语词"vie"（生活）等。在此可以看到症象与症状的一个明显区别，如果症状是可以通过能指来传递的，是必须将大他者作为其信息接收者，那么症象则是无法用能指传递的，因为构建它的物质支撑已经不属于符号界能指了。因此，它是外在于无意识的（因为无意识是像语言一样结构的），这意味着症象意义的"放逐"（exile，一个在乔伊斯文本中被经常表达的主题）与意义的脱节。远离了意义，就远离了菲勒斯原乐，乔伊斯通过文本获得的，是一种jouis-sens（享受意义，这一词是拉康在 jouissance 基础上做的变形），

---

① Roberto Harari（translated by Luke Thurston）. *How James Joyce Made His Name: A Reading of the Final Lacan*. New York: Other Press, 2002, p. 20.
② [英] 狄伦·伊凡斯：《拉冈精神分析辞汇》，刘纪蕙、廖朝阳、黄宗慧、龚卓军译，台湾：巨流图书股份有限公司 2009 年版，第 317 页。
③ Roberto Harari（translated by Luke Thurston）. *How James Joyce Made His Name: A Reading of the Final Lacan*. New York: Other Press, 2002, p. 214.

确切的说，是享受众多意义被堆积在一起的过程。多义词、变形词、同音异义词、创新词……这些脱离符号界的文字聚集在一起，散发出多维度的意义（或无意义），原先依靠锚定点所暂时产生的意义方式彻底消失，有的只是这些文字的相互激荡与碰撞，意义的密集与转瞬即逝，乔伊斯追求的不是固定的意义，而是这种意义多样性的产生。

事实上，固定的意义对于乔伊斯来说是不可能的。拉康曾经将父亲作为波罗米纽结中的第四个要素，他指出："父亲作为名字，和那个命名的人是不同的……父亲是第四个元素，没有它，在符号界、想象界、实在界中的结点都变得不可能"。[1] 因为在三界的结构中，正是通过认同父亲，主体才得以从想象界进入符号界，但是父亲的角色所扮演的功能，在乔伊斯身上是失效的。这和乔伊斯的父亲约翰·乔伊斯无关，真正显示出乔伊斯对父之名排斥的，是他文本中意义的无限蔓延、散播，固定意义的缺失。尽管缺少了父之名能指的锚定，但乔伊斯用了一种新的方式补偿了缺失的父之名，这种方式便是"提名"（nomination）。提名与命名（naming）不同，命名是用符号界的能指来表示实在之物，提名则是取消了常规词。

三、乔伊斯的提名

乔伊斯在文本中，有着一套自己独特的提名法，常规的词被变形、扭曲、凝缩，逐渐偏离了意义，走向无意义。在乔伊斯的作品中，

---

[1] Roberto Harari (translated by Luke Thurston). *How James Joyce Made His Name: A Reading of the Final Lacan.* New York: Other Press, 2002, p. 238.

"词语被打碎成了逻辑的、音位的、符号的、和词源学的元素",① 通过将这种无意义的元素重组,乔伊斯构建了自己的提名法,而通过提名,他既补偿了缺失的父性功能,又用这样一种独特的书写方式,结构了自身。乔伊斯的提名,有三种不同的方式,分别对应于三界。

首先,是面对实在的提名,乔伊斯用了语音(faunetics)的修补方法。哈拉瑞指出:"在实在的提名之下,我们会把意义的拒斥看作是病理的"。② 由于实在界是以碎片化的方式呈现的,因此,当触及实在界之后,主体会获得一种妄想症式的意义蜂拥,这种体验对于主体来说是不愉快的。在《一个青年艺术家的画像》中,当斯蒂芬阅读到地理书上他书写的一部分时,就获得了这样一种不愉快:

斯蒂芬·德达罗斯

初级法语二年级

克朗哥斯·伍德公学

沙林斯

基德尔郡

爱尔兰

欧洲

地球

宇宙

---

① Elisabeth Roudinesco (translated by Barbara Bray). *Jacques Lacan*. New York:Columbia University Press,1997,p. 373

② Roberto Harari (translated by Luke Thurston). *How James Joyce Made His Name:A Reading of the Final Lacan*. New York:Other Press,2002,p. 347.

拉康精神分析学的能指问题 >>>

随后，乔伊斯写道：

> 他倒念着诗句，这就不是诗了。他在衬页上从最末一行往上念，一直念到他的名字。那就是他：他又往下念。宇宙之外是什么？一片虚无。在宇宙的周边有什么东西表面它与太虚的界限呢？那不可能是一堵墙；很可能在一切的周边有一条极纤细、极纤细的线。思考这一切是需要极宽阔的心怀的。只有上帝能做到……这么思索让他觉得很累。这使他觉得脑袋发胀。①

乔伊斯拒斥了实在界，拒斥了由意义的喧哗所引致的不愉快，他利用音素的创造，来为实在提名，这种凭借音素创造的东西，被拉康称为faunetics（语音），这个词也是拉康创造的，faun是神话中的农牧神，faunetics与phonetics谐音，拉康用这一词旨在描述被乔伊斯所创造的只能听的、像怪物一样的东西。通过此种语音的运用，乔伊斯获得了"观念的协奏曲"②。在《一个青年艺术家的画像》中，乔伊斯这样描述：

> 他在内心深处听到一阵阵杂乱的音乐，那音乐仿佛是记忆与名字的组合，他能意识到它们，但不可能，哪怕在瞬间抓住它们了。③

---

① [爱]詹姆斯·乔伊斯：《一个青年艺术家的画像》，朱世达译，上海译文出版社，2013年版，第18—19页。
② Roberto Harari (translated by Luke Thurston). *How James Joyce Made His Name: A Reading of the Final Lacan.* New York: Other Press, 2002, p. 349.
③ [爱]詹姆斯·乔伊斯：《一个青年艺术家的画像》，朱世达译，上海译文出版社，2013年版，第221-222页。

因此，乔伊斯通过书写来对实在界提名，这种书写远离了符号的能指，其物质支撑语音成为了远离意义的牙牙语（lalangue），牙牙语的使用，使乔伊斯在写作中获得了一种不同于菲勒斯原乐的原乐，一种更为原始、隐晦的原乐。这种原乐的表现就是乔伊斯作品中的"顿悟"，它被定义为"无论是在语言或是在手势的粗俗性中还是在心灵本身一个值得铭记的闪念中突发性的精神的表现"①：

"老天！斯蒂芬的灵魂在极其快乐、如醉如狂的爆发中喊了出来。

……

她的双眸召唤了他，他的灵魂跳出来去迎接那召唤。去活，去犯错误，去失败，去成功，去从生命中创造出生命来！"②

这种"顿悟"，就是抓住实在界的方式，乔伊斯的这种书写过程，被拉康称为放逐的书写，从意义中的放逐。

其次，便是对符号的提名。学者哈拉瑞指出："在拉康的工作中，有三点需要被认出：对症状的解释，幻见的穿越，将症象作为认同。"③ 由于对符号界的拒斥，主体被孤立在三界的波罗米纽结之外，处于游离的状态。乔伊斯对此采取的手段是，为这三个环增加了第四个环，即症象，通过对症象的认同，避免自己发展为病理结构。由于

---

① ［爱］詹姆斯·乔伊斯：《一个青年艺术家的画像》，朱世达译，上海译文出版社，2013年版，第2页。
② ［爱］詹姆斯·乔伊斯：《一个青年艺术家的画像》，朱世达译，上海译文出版社，2013年版，第229页。
③ Roberto Harari (translated by Luke Thurston) . *How James Joyce Made His Name: A Reading of the Final Lacan.* New York: Other Press, 2002, p. 211.

拉康精神分析学的能指问题 >>>

症象具有单极性,这就预设了"一"的存在,症象式的认同,便是对"一"的认同,对"古老的创造者"① 的认同。在《一个青年艺术家的画像》中,这位"古老的创造者"便是上帝,在小说的第三节,乔伊斯写了大量带有宗教色彩的内容,当斯蒂芬向神父忏悔之后:

> "他的灵魂再一次变得美好而圣洁,圣洁而幸福。要是上帝希望他去死,那死亡该是多么美丽。要是上帝希望他活下去,那生活又该是多么美丽。"②

就乔伊斯的结构来说,他认同的是弗洛伊德《图腾与禁忌》中的原父,未被符号律法阉割的父亲。这个父亲的元素,建构了乔伊斯的症象。"症象。它毫无疑问是语言,但不是那种方式为落在符号界与想象界轴的语言——意义的领域,它也不是可被缩减到前语言的乱写,可能就是被拉康命名为实在并且必须在话语之外书写的东西。"③总而言之,症象将三界结构了起来,但又不等同于它们,症象是一种书写方式,它采取了波罗米纽结的形式,由于结构三环的元素不同,每个主体结构症象的方式也不相同。

最后是对想象的提名。在第二十三期研讨班后期,拉康将讨论的重点置于乔伊斯的自我之上,并提出是乔伊斯的自我修复了三界的联结。"自我作为症状(症象),作为一个增补,修复了符号界与实在界

---

① Roberto Harari(translated by Luke Thurston). *How James Joyce Made His Name: A Reading of the Final Lacan*. New York: Other Press, 2002, p. 351.
② [爱]詹姆斯·乔伊斯:《一个青年艺术家的画像》,朱世达译,上海译文出版社,2013年版,第192—193页。
③ Ellie Ragland and Dragan Milovanovic. *Lacan: Topologically Speaking*. New York: Other Press, 2004, p. 322.

的关联，同时保留了想象界。"① 在早期，拉康对"自我"这一概念，持有明显的否定性，他将自我看做是具有虚假性，妨碍主体与大他者言说的障碍物。但是，为什么乔伊斯的自我，却能修复三环的联结呢？这同乔伊斯欠缺的 i 有关，即在镜像阶段认同他者形象 i(a) 中的"我"。在《一个青年艺术家的画像》中，斯蒂芬因为拜伦是否是一名好诗人而同伙伴发生了争执，并且挨了打。在挨打之后，书中这样写道：

> "当他在听者纵情的大笑中背诵《忏悔词》时，当他在心中迅速而清晰地回忆起充满恶意的一幕时，他纳闷他为什么对那些虐待他的人们不怀有丝毫忌恨。他一点也没有忘却他们的胆怯与残暴，但记忆却没有在他心中燃起愤怒。他读到的书中关于所有强烈的爱与恨的描写因此对于他来说都是不真实的。甚至在那天夜晚，当他沿着琼斯路踉跄往家走时，他还感到有一种力催使他摆脱掉突然萌发的悔恨，就像剥去柔软的成熟水果的皮一样轻而易举。"②

尽管自我具有虚假性，但它对于主体来说却有着重要的保护作用，它支撑起了作为整体形象的主体，自我的侵凌性与自恋性质，抵御着可能对自我产生伤害的一切事物。但斯蒂芬在挨打之后，却没有丝毫的愤怒，反而有种受虐狂式的享受。这是因为，作为认同的 i 脱

---

① Ellie Ragland and Dragan Milovanovic. *Lacan*: *Topologically Speaking*. New York: Other Press, 2004, p. 378.
② [爱] 詹姆斯·乔伊斯：《一个青年艺术家的画像》，朱世达译，上海译文出版社，2013年版，第111页。

落了，这就导致在自我所认同的 i（a）中，i 被剥离了，而只剩下 a。乔伊斯通过他的书写，重建了自我，在他的文本中，大量的字谜就是他重建自我的方式。他的《芬尼根守灵夜》（Finnegans wake），其题目就是一个字谜。它在民谣 Finnegan's wake 名称的基础上做了修改，修改之后的 wake 既可作动词，也可作名词，而 Finnegans 既可用作单数，又可用作复数。乔伊斯曾说："我在书中设置了大量谜团，要弄清它们的真意，足够教授们争辩几百年了。"① 通过此种方式，乔伊斯重建了他的自我形象。如学者苏利文所说："芬尼根守灵夜的散文成为了语言的幻见，将形象、语词、创伤重新组成了结点，这种结点是来自实在界、符号界、想象界的能指结合链钩住自身的方式。"②

四、症象的其他建构

由于症象的结构方式不同，许多作家也是用自己独特的书写方式结构了症象，用自己的文字建立了与实在界的关系。以乔伊斯的助手、爱尔兰作家贝克特为例，如果说在乔伊斯的文本中，充斥着万花筒般、迷宫般的意义结构，在贝克特的文本中则正好相反，他展现的是意义的贫瘠与苍白。爱尔兰作家约翰·班维尔曾说："今天的爱尔兰作家就分为两派，要么是乔伊斯派的，要么就是贝克特派的。乔伊斯总是想方设法把世界填得满满的，而贝克特刚好相反，总是给世界留空，

---

① [爱] 詹姆斯·乔伊斯：《一个青年艺术家的画像》，朱世达译，上海译文出版社，2013 年版，第 12 页。
② Ellie Ragland and Dragan Milovanovic. *Lacan*：*Topologically Speaking*. New York：Other Press，2004，p. 379.

等人们思考'怎么办'。"① 在乔伊斯文本中出现的大量新词、俚语、双关语、文字游戏等,都产生了意义的过剩,文字自身的离散性,注定了它的多义性。与乔伊斯相反,贝克特也将重点放在了能指的物质性上,其方式却是通过意义的缩减。"症象作为从语义关系中被撕裂的能指或能指集合,被安置在了主体的中心,它暗示着精神分析主体概念的缩减,缩减到它赤裸的、物质的支撑上,它产生了一种精神分析的极简主义,而这一极简主义对我们关于语言、身体、无意识的理解有着广泛的暗示。"② 学者汤姆·埃尔斯以贝克特的作品《克拉普最后的录像带》为例,说明了症象不只有一种构建方式。这一剧作是贝克特在1958年创作的独幕剧,讲述了一个叫贝克特的老男人,准备在70岁生日的时候录制一盘记录过去的录像带,录制录像带的习惯从年轻时就保留了下来。当他开始录制时,偶然听到了一盘30年前的录像带,他听着录像带里的声音,辨认不出它属于自己。

整个剧中,有的只是克拉普的独白。对于年老体衰的克拉普来说,这些声音成为了他存在的方式,但克拉普对能指的使用却是不合常规的:

> 克拉普:(精神旺盛地)哈!(他俯身向账簿,翻页,找到想要的条目,读)盒子……第三——个3……录音带……第五盘。(他抬起头凝视前方,津津有味地)录音带!(停顿)录——音带4!(幸福地微笑。停顿。他俯身桌上,细细地看并翻查那些

---

① 蔡宸亦:《塞缪尔·贝克特的"喜剧细胞"》,http://www.chinanews.com/cul/news/2009/05-14/1692625.shtml

② Tom Eyers. *Lacan and the Concept of the 'Real'*. New York: Palgrave Macmallian, 2012, p. 155.

盒子）第三盒……第三……四……二……（惊奇地）九！慈悲的主！……七……哈！①

在贝克特的原文中，表示三的 three 被写成了 thrree，表示第四盘录音带的单词被写成了 spooool，克拉普不断重复着这些从语义中被撕裂的文字，在重复中获得了一种快感。克拉普也创造了一些新词，在他翻阅字典查找 viduity（寡妇）一词时：

克拉普：（读词典上的条目）作为——或保持——一个寡妇——或者鳏夫的状态——或情形。（仰面。迷惑）作为——或保持？……（停顿。他又盯着词典。读）"孀居的深色黑纱"……同样适用于动物，特别是鸟……寡妇鸟或织巢鸟……雄性的黑色羽翼……（他仰面。津津有味地）寡妇鸟！

他在此发明了一个新的合成词，vidua‑bird（寡妇鸟），他陶醉于这个词中，获得了一种愉快感。从此处可以看出语言的物质支撑，这种看似无意义的文字，或者说构成它的语音，为克拉普带来了快乐，"语言，在它非语义的层面，作为欲望之因在他身上发生作用，作为他单独的症象发生作用"。② 在整篇剧作中，克拉普一直重复着几个无意义的文字，这些无意义的文字结构了克拉普，形成了他的症象。"他目前同语言的关系是被重复所定义的，通过一个单独能指的抽象

---

① 对《克拉普最后的录像带》的翻译均取自 https://site.douban.com/lzhstudio/widget/notes/16259016/note/471306180/
② Tom Eyers. *Lacan and the Concept of the 'Real'*. New York：Palgrave Macmallian, 2012, p. 157.

中的'陶醉'来定义。"① 这与乔伊斯症象的结构有着根本的不同,乔伊斯通过意义的丰盈来结构症象,而克拉普则通过能指的贫瘠来结构症象,能指被缩减到了它最基本的物质性上,没有双关,没有多义,被言说的只是它最基本的语音组成,通过重复地言说,结巴地言说(德勒兹意义上的口吃),克拉普获得了原乐。

在从临床走向文学的过程中,乔伊斯对拉康思想的影响是不可忽视的。乔伊斯独特的书写方式,启发了拉康新理论的提出。在缺少了父性隐喻的情况下,乔伊斯的书写结构了自身,形成了一种独特的症象,联结起了三界,避免主体走向了精神病的结构。"书写既是一种创造,又是一种发明,它修正着主体结构同原乐和知识的关系。"② 乔伊斯的书写是一种流放式的书写,它远离了意义,远离了能指,冲出了语义的牢笼,通过这种书写,乔伊斯获得了一种更为原始的原乐。而贝克特《克拉普最后的录像带》的主人公克拉普,同样获得了这种原乐,其方式却是通过意义的缩减来获得的,无意义的、贫乏的文字结构了克拉普,通过重复这些文字,他得到了满足。受乔伊斯的影响,1975年之后,拉康在自己的文本中也运用了大量的字谜、文字游戏,同乔伊斯一样,也可以说,这也是拉康自己症象的建构方式。

---

① Ibid.
② Ellie Ragland and Dragan Milovanovic. *Lacan: Topologically Speaking*. New York: Other Press, 2004, p. 207.

第四章

能指的局限及其扩展

第一节 能指的局限——话语模式的提出

在1969—1970年《精神分析的另一面》的研讨班中，拉康提出了话语的四种模型，这四种模型的基式均为算式图示，拉康用数学符号及运算对其进行了描述。彼时，拉康的方法论工具已逐渐从结构语言学转向了数学与拓扑学，相较于前者，后两门学科的优势在于能更形象地提供一种无意识的几何学，从而使能指摆脱想象性的困扰。因此，在此次研讨班的中，拉康绘制了大量的算式图示，来进行理论的阐述。在1972—1973年《更进一步》的研讨班中，此四种模型又被收录在《致雅各布森》一文中，两年过后，此文更像是拉康同结构主义语言学一封彻底的"诀别信"。在此文中，他对话语模式做了进一步强调。拉康话语模式的提出，带有浓厚的政治色彩（1970年法国爆发了五月风暴），其目的在于对资本主义做深刻的批判。如今，它仍然是意识形态批评和文化批判的有力武器，无论是阿兰·巴迪欧、齐泽克，还是拉克劳与墨菲，都对其进行过运用与改造。

<<< 第四章　能指的局限及其扩展

一、话语模式的概述

首先要明确话语的概念。话语（discourse）同语言（language）、言说（speech）有着根本性的不同。如果说语言是先于主体而存在的一个抽象系统，言说是个体在此基础上的具体建构，那么话语就是一种通过语言形成的稳定关系，不依靠语词，它也可以发生。当主体被"抛入"此在时，他（她）就被带入了一个能指网络，开始从能指网络中摄取材料建构自己的话语。"人类主体不仅包括不同言说，他们自身也创造和内在化着社会话语的特定版本。"① 主体成为一个不断接收和吸取外部话语领域的系统，将外在于自身的话语材料内摄化，建构自身的话语存在方式，对于主体来说，这是必需的。因此，"拉康强调，话语是一种存活在特定基本关系中的必需结构，它制约着每一个言说行动以及我们剩余的行为和活动"。② 被内在化的话语，绝非主体用于表达自身的工具，而是成为一种构建主体本身的要素，与身体交织纠缠在了一起。主体的思维、行为、情感等均受其影响，这是无可厚非的。

在拉康之前，已有不同领域的学者出于不同的立场（如奥斯丁，巴赫金等）对话语进行过分析，但与拉康话语理论关系最为紧密的当属福柯。同奥斯丁侧重话语与行为关系的研究、巴赫金强调话语的对

---

① Mark Bracher, Marshall W. Alcorn, Jr., Ronald J. Corthell, etc. *Lacanian Theory of Discourse: Subject, Structure, and Society.* New York and London: New York University Press. 1994. p. 32.

② Mark Bracher, Marshall W. Alcorn, Jr., Ronald J. Corthell, etc. *Lacanian Theory of Discourse: Subject, Structure, and Society.* New York and London: New York University Press. 1994. p. 107.

话性不同的是，福柯看到了隐藏在话语背后的权力。也正是这一发现，使得福柯开始关注那些边缘话语。作为福柯同时代人的拉康，其话语理论多多少少受了福柯思想的影响，与福柯不同的是，拉康并未大费周章地对此做考古学式的追溯，而是借助于数学符号，区分出了话语的四种不同模型（大学话语①、主人话语、歇斯底里话语、分析师话语）。这四种模型之间彼此相连，每一种话语模型都依靠前一种话语模型转位 90°而形成，最终形成了一种话语的循环，由此也可看出拉康对位置关系的强调，其基式如下：

$$\frac{\text{Agent}}{\text{Truth}} \rightarrow \frac{\text{Other}}{\text{Production}}$$

在讨论具体话语模型之前，拉康首先界定了四个不同的位置，左上角的 Agent 是代理或支配者的位置，在第十七期研讨班中，拉康这样界定了代理："代理并不必然地是行事之人，而是被引得去行动的人。"② 这就说明，位于代理位置的主体，并不是依靠自觉性在行事（事实上，主体也不具备这样的自觉性），而是随着能指链的运动，恰好被带到了这个位置，对于这一位置，主体不具有任何主动性，他只是在能指链的运作中被动地被带入此位置，然后去行动。左下角是被压抑和隐藏的真相的位置（无意识的欲望真相），拉康不断强调，真相只能被"半说"，这是因为，在主体言说时，陈述主体与阐述主体处于分裂状态，有意识的言说永远无法触及无意识的欲望，图示中 agent 与 truth 之间的横线也暗示了这一阻隔。"在拉康的理论中，根本

---

① 有学者将其译为"普遍性话语"，见于蓝江：《从主人话语到普遍性话语：对拉康的〈讲座XVII〉中四种话语理论分析》，《世界哲学》2011 年第 5 期。此处参照《拉冈精神分析辞汇》的译法，译为大学话语。
② 吴琼：《雅克·拉康：阅读你的症状》，中国人民大学出版社，2011 年版，第 796 页。

不存在可完全诉诸言语的真理，相反，真理确切地说是一种无法诉诸言辞的东西。"① 右上角是接收和理解信息的先决条件（大他者作为能指的集合而发挥作用），右下角是话语运作所产生的效果。因此，这个基式的基本含义是，支配者在隐藏真相的前提下言说，介入了大他者的领域，并且产生了一种效果。

在此基础上，拉康将 S1（主人能指）、S2（知识）、$\mathcal{S}$（主体）、a（剩余原乐）置入了不同位置，由此形成了四种不同的话语模式。其中，"主人能指就是任何一个主体必须将其身份投入其中的能指——任何主体必须认同的能指，这样就组成了一种强有力的积极或消极的价值"。② 比如说，在一篇论文中，关键词就是主人能指；在语言学中，能指、所指、意义等就是主人能指；在弗洛伊德的理论中，主人能指就是无意识、本能、力比多等。拉康区分了两种知识，一种是属于想象范畴的自我知识，它具有虚幻性，是构成自我的主要因素。这种知识假设主体拥有自主性，具有欺骗性，非拉康在此所指涉的知识。另一种知识是符号知识，"它既是关于主体与符号层关系的知识，也是这关系本身"。③ 在第17期研讨班中，拉康指出，"当 S1 开始表示一些东西时，知识就在那个时刻产生了"④，也就是说，当 S1 开始介入到大他者的领域，与其他能指发生关系时，就产生了被能指所切割

---

① 吴琼：《雅克·拉康：阅读你的症状》，中国人民大学出版社，2011年版，第799页。
② Mark Bracher, Marshall W. Alcorn, Jr., Ronald J. Corthell, etc. *Lacanian Theory of Discourse: Subject, Structure, and Society*. New York and London: New York University Press. 1994. p. 111.
③ [英] 狄伦·伊凡斯：《拉冈精神分析辞汇》，刘纪蕙、廖朝阳、黄宗慧、龚卓军译，台湾：巨流图书股份有限公司2009年版，第157页。
④ Jacques Lacan. *The Seminar of Jacques Lacan: Book XVII, The Other Side of Psychoanalysis 1969—1970*. New York and London: W·W·Norton & Company, 2008. p. 13.

分裂的主体，产生了知识。这种知识是主体所未知的，因为它关涉无意识的真相，"无意识是一种完美被表达的知识，没有主体可以对之负责，主体只是碰巧遇见了它"。① 而精神分析的目的，就是要向案主揭示这种知识。被分裂的主体 $\displaystyle{\not{S}}$，即通过异化和分离形成的无意识主体，在前文已做过详细的阐述，故不赘述。对象 a 是拉康思想体系中一个极为重要的概念，它是欲望之因。在话语模式中，a 代表了剩余享乐，剩余享乐借鉴了马克思"剩余价值"的概念，"拉康用自己的'快感'学说重新阐述了资本对剩余价值的剥削问题，即拉康认为，剩余价值的根本在于剩余快感"。② 在此处，剩余享乐主要表达这样一种思想，当一个能指在对另一个能指表示主体的时候，总会有些剩余的东西，这一剩余物，便是 a。a 具有明显的实在界内涵，是无法被能指化的硬核，拉康借此意在强调能指及话语的不充分性。

二、四种话语模式

（一）大学话语

$$\frac{S2}{S1} \rightarrow \frac{a}{\not{S}}$$

之所以取名为大学话语，是因为这一话语模型在教育领域最为常见，但这并不意味着它仅仅出现在教育领域。事实上，当主体还未出生时，他与她已经承担了信息接收者的角色（other）。比如父母会经

---

① Mark Bracher, Marshall W. Alcorn, Jr., Ronald J. Corthell, etc. *Lacanian Theory of Discourse: Subject, Structure, and Society.* New York and London: New York University Press. 1994. p. 111.

② 蓝江：《从主人话语到普遍性话语：对拉康的〈讲座 XVII〉中四种话语理论分析》，《世界哲学》2011 年第 5 期。

常对尚未出世的孩子说话，赋予其各种各样的期许，包括为他选择学校、规划职业等，可以说，他未来的每一步选择，都紧密地联系着父母其后的行动。这时的孩子，已然处于右上角小 a 的位置，是父母的欲望之因。而父母作为发出信息的主体，占据着 S2 的位置，他们自以为拥有知识（其实只是知识的传递者），可以为孩子规划未来，但在孩子成长后，他们只会得到一个异化、分离的主体，因为所有看似有益的言说、信息、知识，不过是主人能指邪恶的面纱。

在教育中，这一模型更是体现得淋漓尽致。只不过，占据 S2 位置的不是父母，而是教师。回忆拉康在第十七期研讨班《精神分析的另一面》（1969—1970）指出的："涉及当前在整个世界所发生的奇特现象，许多事情就可以得到解释了。"① 而这一解释正是通过大学话语完成的。1968 年 5 月，法国爆发了五月风暴，学生罢课进行集会活动，而警察的干预造成了流血冲突。在这一现象中，作为大学话语产物的学生，成为了"这一系统的剩余价值。"② 主人能指以一种隐秘而强大的手段，将知识伪装成了中立的样子（科学话语），而这一知识的传递者，被认为是一个完整的、真正拥有知识的人。因此，Mark Bracher 指出，"建立大学话语的最终、最根本运作的是对这样一个'我'的假想：理想'我'的谜，作为主人的'我'，或'我'至少是和自己相认同的东西——阐述者，他是大学话语无法从真相被找到的地方所

---

① Jacques Lacan. *The Seminar of Jacques Lacan: Book XVII, The Other Side of Psychoanalysis* 1969—1970. New York and London: W·W·Norton & Company, 2008. p. 167.
② Mark Bracher, Marshall W. Alcorn, Jr., Ronald J. Corthell, etc. *Lacanian Theory of Discourse: Subject, Structure, and Society.* New York and London: New York University Press. 1994. p. 116.

清除的东西"①。事实上,这样具有一致性的"我"是并不存在的,而知识也并非一般意义上具有客观性和中立性。正如福柯总是将知识和权力联系在一起一样,拉康意义上的知识是极具欺骗性的。在大学话语中的知识,所展现的不过是主人能指的权力,知识藉由传递者被源源不断地说出,其目的在于接近纯粹原乐,这一运作所产生的"是一种矛盾感,一种不可协调的分裂,一种比难题更为复杂和巨大的开放式结尾旅程,它无人可解"。② 因为言说是无法抵达原乐的,也没有关于原乐的知识,这种话语模式只会造成一种能指的循环,永远无法达到其目的地。"在通往原乐的途径中,知识就是在一个确定的界限将生活带入中止的东西。"③ 学者 T. R. 约翰逊(T. R. Johnson)举了这样一个例子:一名枪手,通过为学生代写论文而赚取高额的费用。他所代写的论文五花八门,涵盖了多门学科,其代写方法,是通过对网上资料的剪切和拼接,通过论文代写,他赚取了大量的金钱。此时的枪手,便位于了 S2 的位置,他所要不断满足的是客户(a)的需求,被 S2 所隐藏的 S1 正是大学这一机构的权力,因为只有 S1 拥有这样一种书写的权力。其产物,便是主体的分裂,正如这名枪手的自述:"每当临近日期来临,我就在想是什么在前。每当我着手进行一个巨大的作业时,我就会有种生理感觉。我的身体在说:你确定你还想这么做吗?你知道上次它有多伤身体吗……你知道你需要花费 48 小时写这篇论文,除了码字,你将要停止一切人类的功能,你会一直搜索,

---

① Mark Bracher, Marshall W. Alcorn, Jr., Ronald J. Corthell, etc. *Lacanian Theory of Discourse: Subject, Structure, and Society.* New York and London: New York University Press. 1994. p. 117.

② T. R. Johnson. *The Other Side of Pedagogy.* New York: Suny Press, 2014, p. 144.

③ Jacques Lacan. *The Seminar of Jacques Lacan: Book XVII, The Other Side of Psychoanalysis* 1969—1970. New York and London: W·W·Norton & Company, 2008. p. 18.

直到这个术语的意义被穷尽……"① 而事实上，不仅术语的意义不会被穷尽，通过不断地写作，获得也并非快感，而是主体自身分裂的加剧。

（二）主人话语

$$\frac{S1}{\bcancel{S}} \rightarrow \frac{S2}{a}$$

将大学话语顺时针旋转 90°，就得到了主人话语。拉康曾不止一次地说过："能指是对另一个能指显示主体的东西"，从上述的图示中可以发现，如果没有对象 a，那么剩下三部分所组成的便是拉康的话语链：能指不断运转，主体遁入能指链的下方，在能指间不断显隐。而对象 a 的加入，使得这一图示的意义产生了巨大的变化。根据拉康界定的不同位置，可以看出，主人能指占据了支配地位，向他者传输知识，而被主人能指所压抑的真相，是主体的分裂，这一过程所产生的结果便是剩余原乐。

拉康对主人话语的阐述，很大一部分得益于由科耶夫阐释的黑格尔。黑格尔的主奴辩证法经科耶夫阐释后，获得了不一样的内涵。正如科耶夫所说的："所有的欲望，都是为了确认的欲望，一种成为他者欲望对象的欲望"。② 这种"被承认"成为了人类想要获得的荣耀，他们为此而争斗，直到区分出胜利者和失败者，否则便会争斗至死。于是，胜利者就成为了主人，获得了尊严，而失败者则成为了奴隶，为主人服侍。表面上看，是主人赢得了胜利，但事实上并非如此。如果说主体的存在是为了"被确认"，那么从主人的角度来看，他并未将奴隶当作与自己一样的人来看待，而是当作了动物，因此，奴隶对

---

① T. R. Johnson. *The Other Side of Pedagogy*. New York：Suny Press，2014，p. 145.
② T. R. Johnson. *The Other Side of Pedagogy*. New York：Suny Press，2014，p. 113.

主人的承认并不生效。相反，奴隶通过自己的劳动，逐渐成为了"公民，植根于详尽的律法和历史，并被律法和历史所承认，从另一层意义上来说这就使得 S2 的成熟：知识"。① 主人站在 S1 的位置上，奴役着位于 S2 的奴隶，享受着他们的劳动成果。将主奴的这一具体例子抽象开来，便会得到拉康所提出的主人话语模型。一个占据着支配地位的主人，源源不断向他人传输知识，掩盖了主体分裂的真相，但这种话语永远不能覆盖全部，它还会产生一个剩余——对象 a。主人所传播的知识，意在营造一种封闭的、全部的假象，这种假象往往来自身体的统一性，但总有什么被遗漏了。"在这种话语下，主体发现伴随着这一话语所包含的幻觉，他自身和主人能指被捆绑在一起。"② 在主人话语的支配下，对话变得不可能，主人的任务是要清空他者的一切内容，而将知识灌输给他们，使得他们成为自己意愿的扩展品。"主人的本质在于他是一个白痴，他仅仅凭借其在场而非其聪慧就能保证社会全部的运作。"③ 正如拉克劳和墨菲曾指出的一样："人们赞成法律，是因为它是法律，而不是因为它具有理性"。④

拉康将哲学当作"主人话语"，因为古典哲学家总在追求真理，将对真理的热爱凌驾于主体之上，"哲学家们的托辞就是将对真理的爱圈进'智慧的友谊'之幻想的围栏中，从而与'陌生人'隔绝开

---

① T. R. Johnson. *The Other Side of Pedagogy*. New York：Suny Press，2014，p. 114.
② Jacques Lacan. *The Seminar of Jacques Lacan：Book XVII，The Other Side of Psychoanalysis 1969—1970*. New York and London：W・W・Norton & Company，2008. p. 93.
③ Mark Bracher，Marshall W. Alcorn，Jr.，Ronald J. Corthell，etc. *Lacanian Theory of Discourse：Subject，Structure，and Society*. New York and London：New York University Press. 1994. p. 169.
④ ［美］安娜·玛丽·史密斯：《拉克劳与墨菲：激进民主想象》，江苏人民出版社，2011 年版，第 104 页。

来,这样哲学的托辞事实上就是一种内在的转移"。① 哲学家总是宣称自己掌握着真理,站在主人的位置上进行言说,事实上,真理是无法被占有的,哲学家站在主人位置上所传播的只是权力而已。因此,在这个层面来说,拉康是反哲学的。与之相反,精神分析师从不宣称自己掌握真理,因为真理反对一切言说,他们只是在等待真理自身忽明忽暗的显现。主人话语的例子在当代比比皆是。法西斯主义,极权组织,他们的话语大多采用这一模型。T. R. 约翰逊指出:"主人话语的升华:反对对话,一无所知,但行动敏捷,甚至暴力,尽可能广泛地施加非知识,一次又一次,在死亡驱力的神化中,最黑暗原乐的产生中"。② 主人话语拒绝知识的多种可能性,"如果主人话语可以被缩减到一个单独的能指,这意味着它代表了些什么东西,但是说它'东西'已经说的太多了"。③ 这意味着,主人能指在本质上并不具备什么内涵与属性,它作为一个能指,仅凭借其在场就能实现其功能。历史地看,有许多为了反对主人话语而进行的革命,这些革命试图通过各式手段来推翻主人的统治,建立新的统治。但这能真正颠覆主人话语吗?拉康的回答是否定的。"主人话语包围了一切,即使是被认为是革命的东西……寻求政治改革只是在寻求一个主人。"④ 那么,如何推翻主人话语呢?拉康的回答是借助分析师话语,但在此之前,还有歇斯底里话语需要引起关注。

---

① [法] AJ. 巴特雷,尤斯丁·克莱门斯编:《巴迪欧:关键概念》,蓝江译,重庆大学出版社,2016年版,第208页。
② T. R. Johnson. *The Other Side of Pedagogy*. New York: Suny Press, 2014, p. 122.
③ T. R. Johnson. *The Other Side of Pedagogy*. New York: Suny Press, 2014, p. 133.
④ T. R. Johnson. *The Other Side of Pedagogy*. New York: Suny Press, 2014, p. 119–120.

（三）歇斯底里话语

$$\frac{\$}{a} \to \frac{S1}{S2}$$

歇斯底里话语的模型，由主人话语顺时针旋转90°所得。精神分析临床中的类别多种多样，拉康曾区分了神经症（包括强迫症和歇斯底里），精神病以及性倒错三种。那么，为何单单选取了歇斯底里话语作为话语模型的一种呢？这和歇斯底里话语的特殊性有关。

歇斯底里话语是对主人话语的颠覆，在此，占据主导位置的是分裂的主体，$\$$、a 作为真相被压抑在了分隔线的下方，分裂的主体在向主人能指问话，这个问题通常是"我是一个男人还是女人？"或"什么是一个女人？"，通过这个问题，他们试图证明主人能指的不充分性（因为女性的性别位置无法在符号界获得全部的铭记，总有一部分无法被能指化），这种话语的结果是产生了一种全新的知识。由于主人能指组建了主体，因此，主体的形成是围绕主人能指而建构的，主体将自己的身体交给它，任由主人能指对其进行切割。而歇斯底里主体，则拒绝将身体交给主人能指，他反抗的方式，是通过一系列身体的"异常化"，产生与身体相关的一系列症状，正如 T. R. 约翰逊所说的："歇斯底里是革命的身体化隐喻"。[1] 在分裂主体的下方，是作为真相的 a，歇斯底里主体确信 a 的存在，因此他了解能指的不充分性，明确能指在面对实在界时的无力。歇斯底里话语将被主人话语所压抑的那个分裂、矛盾、冲突的主体直接放置在了主导的位置，向主人能指进行挑战，试图削弱其权威性。而 S1 亦对其挑战做出了回应，其回应的结果，便是产生了 S2。"主人能指通过生产在分隔线之下的'知识'

---

[1] T. R. Johnson. *The Other Side of Pedagogy*. New York: Suny Press, 2014, p.168.

混合来回应，其目的是为了解释歇斯底里的行为，回答其问题，将这种意指行为尽可能地拉回到'理性'话语的模式。"① 也就是说，主人能指在面对歇斯底里的质询时，仍然试图营造一个全能的、封闭的能指网络，掩盖自身的空洞，将歇斯底里的问题囊括其中。在对歇斯底里的治疗中，医生、学者均充当了主人能指的角色，试图给歇斯底里赋予意义，并找到相应的治疗方法，以使歇斯底里主体重新"适应现实"，回归"理性"。而分析师对病人歇斯底里话语的回应，是通过阐明和强调什么被遗漏、被压抑了——对象a，也就是说，分析师的角色是让对象a能够凸显自身，而歇斯底里话语正是体现了a的作用，因此，拉康指出："分析师使病患的话语歇斯底里化"。②

因此，歇斯底里话语主要是削弱了旧的意义，质疑原有的意义，却无法产生新意义。"抽象地说，歇斯底里的话语本身是试图去实现权力。如果说分析家的话语是有关其他话语的话语，那么，歇斯底里的话语就是挑战和批判其他话语。主人颁行法，告诉你应当做什么；大学论证法，解释你为什么应当服从；分析家阐释法，问你究竟想从法那里得到什么；歇斯底里者质疑法。"③

（四）分析师话语

$$\frac{a}{S2} \rightarrow \frac{\$}{S1}$$

分析师话语是拉康提出的最后一种话语模式，它由歇斯底里话语顺时针旋转90度所得，将分析师话语顺时针旋转90度，又可得到大

---

① T. R. Johnson. *The Other Side of Pedagogy*. New York：Suny Press，2014，p. 169.
② ［英］狄伦·伊凡斯：《拉冈精神分析辞汇》，刘纪蕙、廖朝阳、黄宗慧、龚卓军译，台湾：巨流图书股份有限公司2009年版，第74页。
③ 吴琼：《雅克·拉康：阅读你的症状》，中国人民大学出版社，2011年版，第844页。

学话语，这就说明了分析师话语是对大学话语的颠覆，最终，四种话语形成了循环。如果说大学话语产生了无意识的分裂主体，主人话语隐藏了无意识分裂主体的事实，歇斯底里话语暴露了无意识分裂主体的主导地位，那么分析师话语就是在对这样一个分裂的主体言说，因此，拉康赋予分析师话语一种特殊的地位。"分析师话语为反对通过语言实施的心理和社会专制提供了唯一的、最终的、有效的方法。"[1]那么，是如何提供的呢？

可以看出，占据支配地位的是对象 a，它隐藏了作为真相的 S2（知识），在对无意识主体言说的过程中，产生了 S1（主人能指）。之所以取名为分析师话语，是因为它和精神分析的实践息息相关。在诸多心理学派的临床分析中，分析师往往扮演着一个全知全能者的角色，为案主的症状找出原因，做出解释，进行治疗，最后将案主拉回至现实中。而拉康派的临床分析坚决反对分析师所采取这样的位置。与其他滔滔不绝对症状做出解释的分析师不同，拉康派的分析师更多采用聆听的方式，甚至以沉默应对着案主的诉求。在分析开始前，案主假定分析师拥有确定的知识，能够对自己的症状做出解释，因此，分析师便处在了左上角的支配地位。事实上，这种知识是不属于任何人的，分析师在此只是一个"假定知道的主体"（subject supposed to know），暂时地位于这个支配位置，分析师必须对自己的境况有清晰的认识，不能将自己作为真正拥有知识的主体，否则便会落入主人话语的模式。而作为案主，"我用我的身体在言说，我在这样做时自己

---

[1] Mark Bracher, Marshall W. Alcorn, Jr., Ronald J. Corthell, etc. *Lacanian Theory of Discourse: Subject, Structure, and Society.* New York and London: New York University Press. 1994. p. 123.

是未知的,因此我可以说的比知道的更多"。① 用身体在言说,意味着分析师不能只关注案主口头说出了什么,还要注意他的动作,语态,断句等,因为这些都是无意识通过身体的表达。分析师可以看到,话语冲突体现在身体部分功能的受损上。所以,拉康派的分析师多保持沉默,他们聆听和观察,却很少做出解释,甚至很少对案主的言说给予回应。"精神分析理论的精华在于一种没有言说的话语。"② 学者T. R. 约翰逊指出:"分析师话语只存在于滑行之中"。③ 这是由于无意识真相的显露是忽明忽暗,断断续续的,它可能隐藏在每个瞬间。而分析师的解释,很可能会打断它的显现。无意识真相在能指的缝隙里穿梭,永不停歇。"分析师话语反对所有的掌控,而是在意义和闭合间不断滑行,处于一种永不停止的移置中。"④ 分析师所展现的是对象a在言说,而在对象a的背后是被压抑的无意识欲望真相,分析师在此只是要暴露这一真相,从而让主体直面自己的欲望真相。"最终精神分析的结果是让被阉割的主体获得满足,即一个完整而自为的主体（S1）出现了。"⑤

---

① Jacques Lacan. *The Seminar of Jacques Lacan*: *Book XX*, *Encore* 1972—1973. New York and London: W·W·Norton & Company, 1999. p. 119.
② Mark Bracher, Marshall W. Alcorn, Jr., Ronald J. Corthell, etc. *Lacanian Theory of Discourse*: *Subject*, *Structure*, *and Society*. New York and London: New York University Press. 1994. p. 153.
③ T. R. Johnson. *The Other Side of Pedagogy*. New York: Suny Press, 2014, p. 199.
④ Mark Bracher, Marshall W. Alcorn, Jr., Ronald J. Corthell, etc. *Lacanian Theory of Discourse*: *Subject*, *Structure*, *and Society*. New York and London: New York University Press. 1994. p. 124.
⑤ 蓝江:《从主人话语到普遍性话语:对拉康的《讲座XVII》中四种话语理论分析》,《世界哲学》2011年第5期。

三、结语

同 20 世纪 70 年代关心法国政治的诸多学者一样，拉康四种话语模型的提出，是含有浓厚政治色彩的。主人话语、大学话语对主体的蒙蔽，对权力的散播，都深深影响着当时法国的整体意识形态，在认识到这一现实后，拉康提出分析师话语来对其进行颠覆，分析师通过将话语"歇斯底里化"，抛却旧意义，产生新意义。

拉康的话语模式在文本分析、意识形态批评等领域获得了极为广泛的应用。他的弟子阿兰·巴迪欧、齐泽克、拉克劳和墨菲等，都曾依据不同的理论需要对其进行发展与改造。拉康曾将哲学分析为"主人话语"，将哲学家所宣称的真理看做是经过阉割的真理（因为真理是不可言说的，用能指描述真理必然意味着对真理的阉割），巴迪欧在此基础上，为了反对哲学的"主人话语"性质，重构了真理的范畴，将其分为四个类型：科学（知性真理）、艺术（感性真理）、政治（集体真理）、爱（生存真理），将"真理变成了字面上的普遍性，因为它包含了对无限的肯定性的概括，而不是用滥了的'无法接近'这样的否定性概括"[①]。这样就把真理从它的主人能指中解放出来，它不再是固定的、先验的、客观的，而是一种包含着无限的可能性，在此基础上，巴迪欧构建了自己的主体哲学。齐泽克则对话语模式中所传递的意识形态给予了特别的关注，正如在大学话语和主人话语中那个被划线的主体一样，他们只是在做（faire），而不知（savior）。主人能指构织了一个虚假的"现实"，这个"现实"又不断地向主体传达着

[①] [法] AJ. 巴特雷，尤斯丁·克莱门斯编：《巴迪欧：关键概念》，蓝江译，重庆大学出版社，2016 年版，第 211 页。

看似自然的真理，从而蒙蔽了真相。"意识形态的幽灵掩盖了实在界当中阶级斗争之对抗的失败的象征化。换言之，意识形态填补了对抗的深渊——他修补了现实的洞。"① 在关注到话语可能含有的欺骗性与虚假性之后，齐泽克对意识形态批评赋予了极大的重要性。学者马歇尔·W. 阿尔科恩（Marshall W. Alcorn, Jr）指出，存在着两种抵制的方式。其一是对"不好的"意识形态的抵制，即政治抵制，它是由知识和自我意识所激励的。第二种是抵制"知道这种意识形态是不好的"，也就是对知识的抵制，是由精神分析和政治来激励的。②

而拉康的学生拉克劳和墨菲，则把话语模式迁移到了政治领域中，话语的内涵也得到了进一步扩充："拉克劳和墨菲将书面文件、讲话、思想、具体实践、宗教仪式、社会惯例和实验对象都纳入其话语系统的概念之中。"③ 在此基础上，拉克劳和墨菲深入分析了政治话语、左派话语等。他们看到了在政治话语中所弥漫的权力，将政治化的对抗看作是由话语构建起来等。"各种各样的政治能指也许看起来运作方式各异，但是它们全部都是'空洞的能指'，全都是靠其组织形式而不是其内容获得虚幻外视的空白区。"④ 政治能指构织起了政治话语，通过政治话语，工人获得了身份认同，形成了主体立场，但同时，政治话语又散播了权力，占据支配位置的领导人"自称他们懂得'科学知识'，因而能够把握历史的'必然性'，并能准确预测进步斗

---

① [英]托尼·迈尔斯：《导读齐泽克》，重庆大学出版社，2014年版，第76页。
② Mark Bracher, Marshall W. Alcorn, Jr., Ronald J. Corthell, etc. *Lacanian Theory of Discourse: Subject, Structure, and Society*. New York and London: New York University Press. 1994. p. 33–34.
③ [美]安娜·玛丽·史密斯：《拉克劳与墨菲：激进民主想象》，江苏人民出版社，2011年版，第117页。
④ [美]安娜·玛丽·史密斯：《拉克劳与墨菲：激进民主想象》，江苏人民出版社，2011年版，第111页。

争展开的过程,这就可能对我们产生危险的蛊惑"。① 鉴于此,拉克劳和墨菲提出了激进民主多元主义理论。

拉康话语理论的提出,其原初目的尽管是对资本主义进行批判,但通过对话语模型的分析,也可以看出语言能指的不纯粹性。拉康之所以选用结构语言学的工具来阐释精神分析,是因为看到了能指的"空无性",它自身无所指涉,仅凭借与其他能指的差异关系来获得价值,这些能指没有中心,而仅形成一种差异关系。但是,在后期,拉康逐渐发现语言能指可能包含的想象性陷阱。正如罗兰·巴特通过广告看到了其背后的资本主义神话,福柯通过对话语的分析看到了它同权力的关系一样,拉康也通过话语模式的阐述看到了语言能指的欺骗性。总有一些主人能指,获得了优先的地位,而当这些主人能指介入到其他能指中时,便会产生想象性的知识,这些知识阻碍了主体对自己与符号界关系的认识,阻碍了对欲望之真相的探索,借助语言能指,这种知识得到了进一步传播。为了与这种想象性的知识撇清关系,避免能指成为传播它的工具,拉康转向了数学与拓扑学。此时,能指的范围被进一步扩充,从语言能指到数学能指,再到拓扑能指,这些能指不仅变得形式化,也开始有了指涉空间的维度,其性质也更加纯粹。因此,这成为了拉康晚期的研究重点。

第二节　能指的扩展——数学能指与拓扑能指

在对拉康的话语模型做了阐释后,语言能指所蕴含的模糊性与暧

---

① [美]安娜·玛丽·史密斯:《拉克劳与墨菲:激进民主想象》,江苏人民出版社,2011年版,第33页。

昧性也一目了然，为了摆脱这种能指的陷阱，拉康在后期对能指这一概念做了进一步延伸与扩展，他不仅使用了更具纯粹性的数学符号，更是求助于具有空间性的拓扑结构（如波罗米扭结、莫比乌斯带等）。"解释拉康后期工作所面临的挑战是，要决定拉康是如何建构这种形式数学证明、精神分析理论和诗学的特殊混合的，这种混合使得后期的研讨班在历史上（不仅是精神分析的历史，也是普遍的理论书写历史）成为了一些特殊的东西。"①

一、数学能指

纵观拉康的理论，在他理论发展的前期，就已使用了大量的数学符号，如用来表示分裂的主体S，表示幻象的公式$S◇a$等，同时，他也绘制了大量的图示（如L图示）。在后期，这种对数学符号和图示的偏爱愈发明显了，其可读性也在不断降低，甚至只能通过书写来认识。而早期的二维图示也逐渐被三维的拓扑图形所取代，这直接导致了理解的困难性。这种从注重言说能指到书写能指的转换，隐含着拉康思想的一个显著变化，即对结构语言学的不断远离。如果说早期的拉康借用了大量的语言学术语，如能指（signifier）、语言（language）等对自己的无意识理论进行阐述外，晚期的拉康则对这些术语进行了修正。如将能指（signifier）替换为能指性（signifierness），将语言修正为牙牙语（llanguage）等，旨在强调一种它们产生的"效果"，而非这些概念本身。拉康对语言学能指的拓展，一方面是由于其欺骗性，另一方面是由于其有限性。

---

① Roberto Harari (translated by Luke Thurston). *How James Joyce Made His Name: A Reading of the Final Lacan*. New York: Other Press, 2002, p. 9.

由于实在界的不可说，能指具有了它的界限。拉康在第二十期研讨班指出："实在界只能在形式化的僵局中被铭记，这就是为什么我想我能提供一种使用数基行式化的模型，因为它是目前我们拥有的可以产生能指性的最先进阐述。能指性的数基形式化和意义相对——我经常说它反对意义。"[1] 而这种数基，只能被书写。拉康将文本比作了蛛网，由蛛丝交织编制而成，却并非杂乱无章。可以看到这些蛛丝的踪迹，"看到它的限制、僵局、死路，这展现了实在界先于符号界"。[2] 拉康认为，这些数基的"书写组成了一种超越言谈的介质，却没有超出语言的实际效用。它的价值在于集中了符号界，而这一前提是它知道如何使用它，为了什么呢？为了保留一种适当的真相——不是宣称全部的那种真相，而是被半说的真相"。[3]

那真相为什么是被半说的呢？拉康用了康德举出的例子来做了一个通俗易懂的说明：一个康德意义上的自由人，如果有人建议他杀掉君王所害怕并一直阻止他原乐的敌人，来获取原乐。那么，他是否应该告诉君主这一真相，即使这意味着通过他真实的将敌人交到了君主的手里？而康德对此的回答有所保留，这就说明全部真相是不能被说的，而只能被半说。借用拉康理论来对其进行阐释，乃是由于这种被半说的真理，是无意识的欲望真相，在有意识的言说与无意识的真相之间，有一个根本性的分裂，这就导致能指无法完全传递欲望。在《电视》中拉康指出："我一直在言说真理。当然不是全部的真理，因为根本就没有办法说出它的全部。说出它的全部实际上是不可能的，

---

[1] Jacques Lacan. *The Seminar of Jacques Lacan*: Book XX, *Encore* 1972—1973. New York and London: W·W·Norton & Company, 1999. p. 93.

[2] Jacques Lacan. *The Seminar of Jacques Lacan*: Book XX, *Encore* 1972—1973. New York and London: W·W·Norton & Company, 1999. p. 93.

[3] Ibid.

言语总是会失败。不过，正是通过这个不可能性，真理才紧附在实在界上。"① 与总是力图言说真理却总是失败的语言能指相比，数学能指更具有其纯粹性，它无法被言说，却可以通过其书写来接近实在界，接近真相。依靠语言能指产生的意识形态、霸权话语等，均为它蒙上了一层极具欺骗性的面纱，这些语言能指经过特殊的言说方式，为主体建构了幻象。而"数学可以从它的想象规模中逃脱出来，它可以将认识缩减到其最纯粹的符号形式上"。② 能指，按照拉康最初的理论设想，在于其无所意指，这也是拉康借鉴索绪尔语言学概念的主要原因之一。然而，随着语言能指限定的表达方式，这种不纯粹性表现得愈发明显，能指所展现的再也不是纯粹的差异，而是夹杂了许多杂质。拉康之所以放弃了结构语言学的立场，也是基于此种考虑。数学和拓扑学之所以成为拉康新的理论工具，是由于"逻辑—数学书写方式通过差异性痕迹的'分了层的多元'，从而避免了让语言学能指获得形而上学上的有限地位，这样，没有任何意指秩序可以包含其话语层次"。③

历史地看，拉康后期的这种转向并非出自偶然。在早期，他就发明了一些特殊的数学符号，来对相关概念进行描述。他对罗素、弗雷格等数学哲学家抱有崇高的敬意，更与康托尔、哥德尔等数学家交往密切，康托尔的集合理论、哥德尔的不完全性定理均对拉康的思想产生了直接的影响。拉康对数学的侧重，又进一步影响了其学生阿兰巴

---

① 吴琼：《雅克·拉康：阅读你的症状》，中国人民大学出版社，2011年版，第800页。
② Mark Bracher, Marshall W. Alcorn, Jr., Ronald J. Corthell, etc. *Lacanian Theory of Discourse: Subject, Structure, and Society.* New York and London: New York University Press. 1994. p. 132.
③ [法] AJ. 巴特雷，尤斯丁·克莱门斯编：《巴迪欧：关键概念》，蓝江译，重庆大学出版社，2016年版，第87页。

拉康精神分析学的能指问题 >>>

迪欧，后者更是直接将数学提升到了一种本体论的位置。阿兰·巴迪欧在《数学颂》中指出："存在着一种数学语言……在某种意义上，这是一种可以看作按照固定规则形式化的符号体系，它是超语言的"。① 所谓的超语言，并非康德意义上的"物自体"，阿兰·巴迪欧在此意图表明的是，数学能指与实在界的关联，即它可以无限靠近真实。如果说语言能指的极限是诗歌，是类似乔伊斯《芬尼根守灵夜》的小说，这些能指通过作者有意或无意的创造与变形，用各种修辞手法被表达出来，以使这些能指相互作用所产生的意指效果从固有的意义领域被解放出来，获得新的意涵。那么，"数学从一开始就在语言的特殊性之外运作"。② 其能指无法被言说，却能产生意指效果。阿兰·巴迪欧对数学的这一特性给予了赞美："数学呀，你是亘古不变，始终如一的真正的话语理性的训练，你将我们从根本没有真实本质的魅惑性的修辞中拯救出来。"③

正如阿兰·巴迪欧所概括的："拉康，跟随能指的诡计，转向了数学，转向了拓扑理论，来提供一种无意识的几何学。"④ 在第二十期研讨班上，拉康指出："数学形式化是我们的目标，我们的理想，为什么呢？因为它只是数学。"⑤ 也就是说，数学语言的能指除了自身之外，什么都不是。相比之下，语言能指间的相互作用是较为明显的，如缺少了一个字母的单词 b_d，我们可以根据自身的经验对其补全，如 bad，bed，bud 等等，如果这一单词出现在一段文字中，结合语境，

---

① ［法］阿兰·巴迪欧：《数学颂》，蓝江译，中信出版社 2017 年版，第 42 页。
② ［法］阿兰·巴迪欧：《数学颂》，蓝江译，中信出版社 2017 年版，第 44 页。
③ ［法］阿兰·巴迪欧：《数学颂》，蓝江译，中信出版社 2017 年版，第 123 页。
④ ［法］AJ. 巴特雷，尤斯丁·克莱门斯编：《巴迪欧：关键概念》，蓝江译，重庆大学出版社，2016 年版，第 212 页。
⑤ Jacques Lacan. *The Seminar of Jacques Lacan*：Book XX, *Encore* 1972—1973. New York and London：W·W·Norton & Company, 1999. p. 119.

我们就可以对其进行填充。语言能指意义的产生，是依靠能指间的作用，能指间的相互关系，这些能指在大他者中依靠差异而存在，但数学能指，是无所参照的，并不存在一个包含全部数学能指的领域。因此，数学语言看上去似乎"无章可循"，很难想象在一道数学题中，可以根据经验及语境对其进行填充。因此拉康将数学作为一种纯描述的语言，在数学语言中，如果一个字母失效了，"根据它们的排列，其他字母不仅组织不起任何有效性，它们自身也会分散开来"①。数学语言的这种纯描述特性，导致了它可以到达语言能指所不能抵达之境——实在界。"数学自身就可抵达实在，也正是从这方面来说，它能够和我们的话语兼容，分析话语。"② 数学能指抵达实在的方式不在于言说，而在于展示。拉康的 matheme（数基）一词，是他自己命名的。从这一词的构成来看，它既包括了 mytheme（谜），又包括了 mathema（希腊语中的"知识"）。拉康对 matheme 的创造，意在传递一种看似不可传递的知识，而数基被他当作传递的唯一形式。结合拉康的理论来看，这种不可传递的知识，便是那神秘莫测的实在界。维特根斯坦的著名论断："对于不能谈论的事情，就必须保持沉默"。③ 而拉康则是要传递这种"不可说"，他传递的方式也不是依靠言说，而是依靠书写来展示。"数学，和其他的艺术形式一样，可以引领我们超越普遍存在，并且可以展示给我们一些结构，在这些结构中，所

---

① Jacques Lacan. *The Seminar of Jacques Lacan*: *Book XX*, *Encore* 1972—1973. New York and London: W·W·Norton & Company, 1999. p. 128.
② Jacques Lacan. *The Seminar of Jacques Lacan*: *Book XX*, *Encore* 1972—1973. New York and London: W·W·Norton & Company, 1999. p. 131.
③ [英]维特根斯坦：《逻辑哲学论》，王平复译，江西教育出版社，2014年版，第1页。

有的创造物都相互支持。"①

从拉康早期对代数式的运用，到转喻、隐喻公式的提出，再到后期用图表来展示相关理论，他对数学能指的侧重是循序渐进的。"数学是最适当的实在的产物，它最先在语言中被认识：算术的计算。"②拉康绘制的欲望图示——L 图示，R 图示，性化图示等，都是他对数学能指的运用，这也是拉康拓扑学的第一个阶段。拉康拓扑学的第二三阶段分别为对表面与结点的侧重。在1950—1960 年中，他使用了莫比乌斯带、克莱因瓶、圆环等关于表面的拓扑结构，自1972 年起，他使用了波罗米纽结来阐释三界关系，并为波氏结增添了第四项。随着拓扑图形的频繁使用，在后期，拉康已经很少使用代数能指了。这是因为，尽管数学能指是纯描述的，但它仍是一种形式，而根据哥德尔第一不完全性定理，"在某种规定的形式系统中，存在不可判定的命题"。③ 也就是说，数学能指在对实在界的展示中，它有其界限。以数学中的"无穷集合"为例，在一个数字集合中，从1 开始，其次是2，3，4……最后面的就被数学家称为无穷，从1 到无穷的集合，就是无穷集合，这个集合包含的数是无法估量的，它只是以集合的方式存在着，而在这个集合外，必然存在着无法被包括入集合的数，如拉康曾提过的 -1，其结果虚数 i 就无法被包括入内。因此，相比语言能指，数学能指的优势在于其纯粹性，但作为一种形式，它仍有其界限。而拓扑则不一样，它不是形式，它就是结构本身。

---

① Ellie Ragland and Dragan Milovanovic. *Lacan: Topologically Speaking*. New York: Other Press, 2004, p. 52.
② Huguette Glowinski, Zita M. Marks, Sara Murphy. *A Compendium of Lacanian Terms*. London: Free Association Books, 2001. p. 110.
③ ［加］斯图亚特·G. 杉克尔主编：《20 世纪科学、逻辑和数学哲学》，中国人民大学出版社，2016 年版，第28 页。

二、拓扑能指

拓扑学是数学的一个分支，它是能够表达空间连续性的一门学科。对拓扑学的参照，意味着拉康对空间关系的再思考。关于空间问题的思考，在拉康早期绘制的倒置的花瓶模型中，就已初露端倪。倒置的花瓶是被安置在一个空间结构中的，而非简单的二维平面中。但这种空间不同于物理学意义上的空间，即一种类似容器的存在，而是类似梅洛庞蒂的知觉空间："空间不是物体得以排列的（实在或逻辑）环境，而是物体的位置得以成为可能的方式。也就是说，我们不应该把空间想象为充满所有物体的一个苍穹，或把空间抽象地摄像为物体共有的一种特性，而是应该把空间构想为连接物体的普遍能力。"① 空间与物体是互为一体的，它们共同存在着，没有优先性。对于拉康来说，拓扑学就是这样一种空间结构："就拓扑学而言，它阐述了一个从……周边地区，从邻近性开始的空间"。② 在拓扑学的空间中，没有中心，没有优先性，它所展示的只是这些元素彼此相互关联的方式，而这种联系方式，是由空间与这些元素共同作用而形成的。拓扑学因此是"一种可传递和形式化的方法，用来强调实在界、符号界、想象界的相互渗透性"。③ 由此可以看出拉康对能指概念的扩充，拉康之所以用拓扑学来描绘三界的关系，是为了依照符号界的逻辑将它们绘制出来，这种拓扑学能指，更加抽象化、空间化、直观化，拓扑结构作

---

① 冯雷：《理解空间：20 世纪空间观念的激变》，中央编译出版社，2017 年版，第 52 页。
② Ellie Ragland and Dragan Milovanovic. *Lacan: Topologically Speaking*. New York: Other Press, 2004, p.67.
③ Ibid.

为能指，便于拉康更好地展示关系。"拉康之所以允许拓扑学与其他数学元素的使用，是因为它们可以帮助具体化一个针对主观连续性的广泛的精神分析的描述。"① 拉康的学生阿兰·巴迪欧之所以将能指和拓扑学分离，便是没有看到能指的广泛性，即能指不仅仅包含语言能指。拓扑结构重视空间关系，它是一种关涉表面和结点的几何学分支，拉康对拓扑学的不同使用，也是依据表面和结点这两个属性来区分的。拉康选择拓扑结构，是着重强调了拓扑结构间关系的不变性。"如果有人想给出一个直观的表征，那它看起来不只是一个区域的表面，而是一个圆环的三维形式，这才是应该依赖的，这是因为这样一个事实，它的边缘外在性与中心外在性没有组成超过一个的单独空间。"②

（一）关于表面的拓扑能指

首先是表面，拉康批判心理学中简单的二元区分，即将心理空间分为外在与内在。从拉康的相关理论来看，"外存在"（ex–sist）是他一直强调的关系，这就导致了内外关系的模糊性，即外在的事物组成了内在的一部分。这种关系可以用莫比乌斯带来说明，如图4–1所示：

莫比乌斯带是由一个表面经过翻折后形成的，就莫比乌斯带的拓扑学性质来说，它既是单边的（即它只有一面），又是不可定向的（既没有起点也没有终点）。拉康选用它，意在说明内与外的复杂关系，内部的可以成为外部的，外部的也可以成为内部的，二者不是对

---

① Ellie Ragland and Dragan Milovanovic. *Lacan*：*Topologically Speaking*. New York：Other Press，2004，p.144.
② Ellie Ragland and Dragan Milovanovic. *Lacan*：*Topologically Speaking*. New York：Other Press，2004，p.31.

<<< 第四章　能指的局限及其扩展

图 4-1　莫比乌斯带

立的，是可以相互转化的，因此它被拉康用来说明无意识的主体。在莫比乌斯带的中间，形成了一个空洞，这个空洞既组成了莫比乌斯带，又不属于它。无意识主体的形成是能指运作的结果，对于主体来说，能指既组成了自身，又外在于自身，因此它可以被用来说明无意识主体的构成。事实上，拉康理论中的诸多概念都可用莫比乌斯带来说明。以欲望为例，引起欲望的对象 a，不属于符号界，因此它位于莫比乌斯带中间空的部分，但由于它引起了欲望，因此它也凭借自身的缺席构成了能指链。被主体认为可以满足欲望的客体，在能指链中不断运转，围绕着对象 a 运动，随之而来的是主体在能指链上的持续位移，从 S1 到 S2，到 S3……就如莫比乌斯带的表面一样，只能在能指层面寻求欲望的对象，却永远无法满足欲望。学者珍妮·拉方特（Jeanne Lafont）指出："莫比乌斯带允许我们用一个模型来实验，去同时解释三个对分：能指 vs 所指，阐述 vs 陈述，意义 vs 意指"。[①] 在这三个对分中，有一个共同点，就是两项之间的关系是相互矛盾又彼此依存的（此处的能指与所指是索绪尔意义上的，非拉康意义上的），因此，莫比乌斯带可以被用来表示这种矛盾的关联性。

[①] Ellie Ragland and Dragan Milovanovic. *Lacan: Topologically Speaking*. New York: Other Press, 2004, p. 17.

关于表面的拓扑图形，拉康还提到了克莱因瓶和交叉帽。克莱因瓶是一个只有入口没有出口的拓扑图形，同莫比乌斯带一样，它仅有一个平面，也没有定向性，如图4-2所示：

图4-2 克莱因瓶

克莱因瓶可以被用来说明主体同语言的关系，语言的空间就像克莱因瓶，主体必须进入其中，但无法从它当中走出。也可以被用来说明欲望，克莱因瓶的中空部分是引起欲望的对象a，当主体进入能指的领域，开始寻求满足欲望的对象时，只能在克莱因瓶中不断旋转，却无法真正满足自己的欲望。

在一个球面上进行切割，就形成了交叉帽。在交叉帽的空间中，形成了两个表面，一个是等同于莫比乌斯带的表面，一个是等同于对象a的圆盘，如图4-3所示：

"切割"是始终贯穿拉康理论的一个概念。早期的切割是针对能指链的，用来强调能指之间的间隙。而在1960年之后，拉康将切割同拓扑的表面联系起来，因为正是切割形成了拓扑的表面。"莫比乌斯带由一些线条组成，就点来说，每条线都是由点构成的，这些点都有

>>> 第四章 能指的局限及其扩展

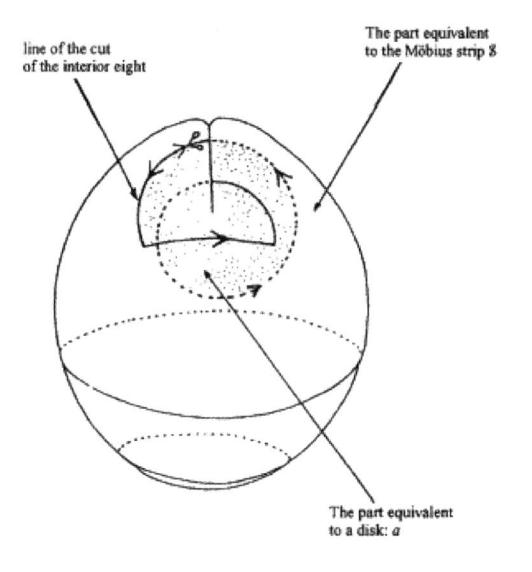

图 4-3 交叉帽

它们存在的独特位置，这些位置的后部也是前部。"① 因此，莫比乌斯带的前后是无法区分的，因此，这些线成为了包含假点的线，拉康称为"没有点的线"②。而外在于莫比乌斯带的圆环，则被称为"外在于线的点"③，莫比乌斯带与圆环既互相结合，又彼此区分，这就是交叉帽的性质。如果将整个球体当作幻见的结构，切割之后，圆盘就是对象 a，莫比乌斯带则为主体的结构，交叉帽的优势在于不依靠言说，它能在多层次展示拉康相关的理论构想。但是这种展示是非直观的，因为"关于无意识，没有什么是直观的"。④

---

① Ellie Ragland and Dragan Milovanovic. *Lacan: Topologically Speaking*. New York: Other Press, 2004, p.113.
② Ellie Ragland and Dragan Milovanovic. *Lacan: Topologically Speaking*. New York: Other Press, 2004, p.113.
③ Ellie Ragland and Dragan Milovanovic. *Lacan: Topologically Speaking*. New York: Other Press, 2004, p.113.
④ Ellie Ragland and Dragan Milovanovic. *Lacan: Topologically Speaking*. New York: Other Press, 2004, p.36.

（二）关于结点的拓扑能指

在拉康思想发展的后期，他对拓扑结构的使用，已经彻底转移到了关于结点的拓扑能指中。关于表面的拓扑，主要被拉康用来表示精神分析中内部与外部这种相互关联的矛盾性，许多看似二元对立的术语，通过拓扑结构的展现，以一种扭曲的方式被联系在了一起。作为一名精神分析师，拉康的主要目的不在于理论的更新，而更要关注临床的实践，他的理论与临床呈莫比乌斯带状，是仅有一个平面的。但是，关于表面的拓扑学在应用到临床中时，暴露了一个明显的缺点——"表面拓扑学不能说明症状的实心内核"。[1]

拉康早期曾对症状做过临床的分类，并对这几种临床结构做过细致的分析，将症状的形成与能指、身体、原乐等结合起来。拉康早期对症状的阐述，主要是围绕父之名这个能指来进行的，对父之名能指的拒斥、否认等都会导致症状的产生。然而父之名作为能指，它自身并不包含任何意义，因此不能说它是实心的。那么，症状的实心内核是什么呢？这与拉康对乔伊斯的研读有关。

在1972年的研讨班中，拉康首次谈到了波罗米纽结，如图4-4所示：

"关于结点的操作废除了分析理论与实践的边界，将精神分析自身转换入一个波罗米空间内。"[2] 波罗米纽结由三环构成，三环之间密切相连，解开一个环，其他的环也会随之松散。在波罗米纽结之中，没有优先性，三个环都是平等的。拉康之所以将精神分析看作是一个

---

[1] Ellie Ragland and Dragan Milovanovic. *Lacan: Topologically Speaking.* New York: Other Press, 2004, p. 290.

[2] Elisabeth Roudinesco (translated by Barbara Bray). *Jacques Lacan.* New York: Columbia University Press, 1997, p. 368.

第四章 能指的局限及其扩展

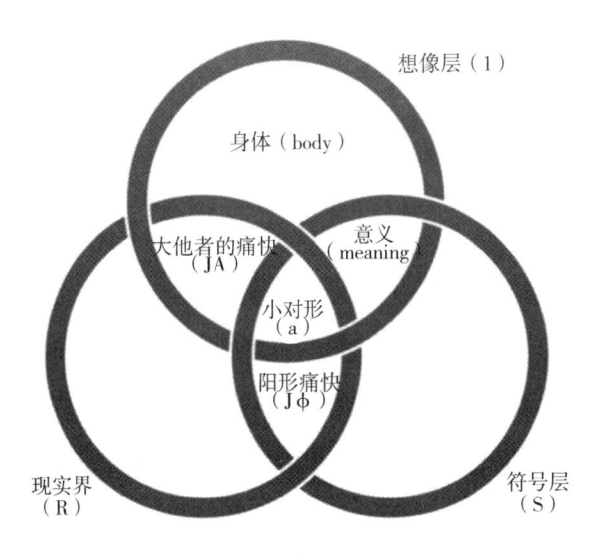

图 4-4 波罗米纽结

波罗米空间，是因为精神分析的理论与实践是相互依存，紧密相连的，在波罗米空间内，它们既可以重合，也可以被区分。在 1974—1975 关于《R. S. I.》的讨论班上，拉康用波罗米纽结描述了三界理论。三个环分别对应于想象界、符号界、实在界，三界之间的关系是互相关联的。对象 a 被置入了三环交叉的位置，由此可见它在三界中都发挥着重要作用。对象 a 属于实在界，但在想象界中，作为被主体所认同的虚像 i（a），它赋予了主体破碎的身体以统一性和协调性；在符号界中，它是欲望之因，是引起主体在能指链中运动的原因。主体从想象界进入符号界后获得了意义，并且获得了通过能指被表达出的菲勒斯原乐，拒斥符号阉割的主体希望获得大他者的原乐——一种无法通过能指表达的原乐。后期，拉康又为波罗米纽结添加了第四环，并将第四环看作是维系三环的前提，这种波罗米纽结结构的转换，和乔伊斯密切相关。就乔伊斯及其作品来说，二者交织在了一个波罗米空间内，乔伊斯的书写建构了他自身。由于父之名能指的缺席，乔伊斯必须寻

183

求一种补偿来避免自己走向精神病的结构，而他的书写，就是这种补偿。通过书写，他将三环联系在了一起，这三环同书写联系在一起，形成了症象（如图4-5所示）。症象的内核，在于乔伊斯认同了一个未接受符号阉割的父亲，一个弗洛伊德《图腾与禁忌》中的原父，因此他的书写是围绕实在界进行的，而非符号界。

"拉康明确表示，他希望波罗米纽结可以为主体提供一种支持，使得主体可以替换从作为'阉割执行者'的父亲那里获得的想象连续性，将之替换为一些别的东西，另一种秩序，另一个身体。"① 这种新的身体不是依靠想象获得的具有自主性的身体，而是一种摆脱了幻见，通过书写来获得的乔伊斯式身体，在新的身体中，没有想象界虚构的连续性，没有能指对实在界的抵挡，有的只是作为三界共同作用载体的身体，换句话说："结点就是这另一个身体"。② 学者 Veronique Voruz 指出："波罗米纽结可以用实在之点在语言中的贯注来为分析理论提供支持，通过将坚实身体的书写提供给能指的无形气息。"③ 拉康对波罗米纽结的使用，也以此为主要目的。

随着拉康思想的深入，关于结点的拓扑学扮演了越来越重要的角

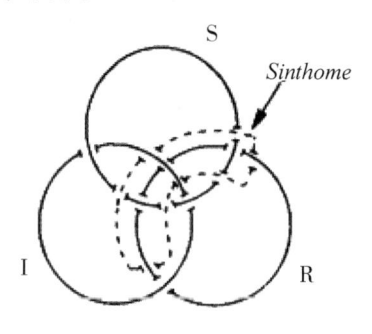

图4-5 症象

---

① Ellie Ragland and Dragan Milovanovic. *Lacan: Topologically Speaking*. New York: Other Press, 2004, p. 286.
② Ellie Ragland and Dragan Milovanovic. *Lacan: Topologically Speaking*. New York: Other Press, 2004, p. 286.
③ Ellie Ragland and Dragan Milovanovic. *Lacan: Topologically Speaking*. New York: Other Press, 2004, p. 287.

色，拉康不仅同许多拓扑学家研究拓扑学，甚至在演讲时也不断展示自己的纽结，在1978—1979的《拓扑学与时间》研讨班上，他甚至沉默不语，只是不断绘制拓扑图形。他不停地摆弄着一团团的绳子，将它们摆设为各种图案，他用自己的拓扑学，展示着不可言说的实在界。

三、结语

"数基和波罗米纽结既是建立在符号逻辑上的语言学模式，又是建立在拓扑学上的结构模式，它带来了一种从符号界到实在界的转换。"① 这种方法论工具的转换，也暗示了拉康研究重点的变迁，即从符号界转移到了实在界。最后，拉康甚至抛弃了数基，而大量使用拓扑结构来展示。拓扑学并不遵从语言能指的运作规则："拓扑学，拉康说道，不是隐喻，它代表了一个结构，甚至是一种实在对经验产生影响的方式"。② 它和语言能指的运作规则无关，它自身就是结构，在拓扑学中，最重要的是恒量，不管拓扑空间如何扭曲，这些关系均不会改变。拉康对拓扑的使用，绝非出于偶然，也并非是故弄玄虚，而是一种必然。

学者Luke Thurston指出："正是宇宙的不完全性或弱点，将拓扑学增补的必要性赋予了拉康的话语"。③ 所谓宇宙的弱点，便是宇宙中始终有一个空洞。与将宇宙设想为一个完满的存在不同，拉康将"匮

---

① Elisabeth Roudinesco (translated by Barbara Bray). *Jacques Lacan*. New York: Columbia University Press, 1997, p. 359.
② Ellie Ragland and Dragan Milovanovic. *Lacan: Topologically Speaking*. New York: Other Press, 2004, p. 35.
③ Ellie Ragland and Dragan Milovanovic. *Lacan: Topologically Speaking*. New York: Other Press, 2004, p. 318.

乏"作为了存在的基础。无论是主体还是大他者，都是有缺陷的，都是围绕着一个空洞来建构的，而这个空洞是无法用语言能指所企及的。拉康所做的，便是展示这种结构，拓扑凭借其独特的空间位置关系，在展示这种结构的同时，又避免了语言能指可能携带的欺骗性。"拉康的逻辑形式化，同他的拓扑一样，意在包围无法符号化的地方，限制语言非连续性的点，大他者失败的点，它们都起源于宇宙中的缺陷。"① 也就是说，正因为宇宙中的空洞，才使得拓扑学成为了唯一展示它的工具。事实上，可以把主体的空间看作一个拓扑结构："拓扑学不表征主体，它只是呈现主体的结构，呈现主体作为效果出现的位置，同时还呈现主体的位置的确立"。②

拉康对拓扑空间的看法，与符号学家洛特曼有诸多共同之处。洛特曼的拓扑空间亦来自数学，他指出："而我们……则是从数学（拓扑学）角度来理解空间的：这个意义上的空间可称之为彼此间存在连续性关系的各个客体（点）的集合……从这一角度看，空间就是一种广泛的模拟语言"。③ 洛特曼对拓扑空间的设想，意在探索文化的恒量。而拉康拓扑学的使用，则是为了展现实在界的面目。两位学者出于不同的理论考量，采用了相同的方法论工具，由此可以看出拓扑学在人文学科中的应用价值。不仅如此，学者扎克·沃森（Zak Watson）还将拓扑学运用到了文本分析中，用拓扑学来分析诗人赫尔曼·布洛赫的作品《维吉尔之死》，将作品的四个部分看作是围绕对象 a 建构

---

① Ellie Ragland and Dragan Milovanovic. *Lacan*：*Topologically Speaking*. New York：Other Press，2004，p. 88.
② 吴琼：《雅克·拉康：阅读你的症状》，中国人民大学出版社，2011 年版，第 475 页。
③ 郑文东：《符号域的空间结构——洛特曼文化符号学研究视角》，《解放军外国语学院学报》2006 年第 1 期。

的拓扑结构等。这种起源于自然科学的学科，对于拉康的理论来说，它不应当被看作是神秘的，故弄玄虚的，也不应该认为它会引领我们走向超越语言的神秘存在。相反，它提供给我们的是一种新的表达方式，它视觉化了主体在大他者中的位置和关系。从广泛的角度来说，尽管拉康使用的拓扑图形均有其内在结构，但是对任何一位试图理解拉康理论的学者来说，这种拓扑图形只是一种拉康用来展示思想的工具，是一种宽泛意义上的能指。这种能指不依靠言说，也没有任何参照物，从而避免了语言能指的种种弊端，它只展示关系，并且能同时展示不同的关系，可以被言说的与不能被言说的，都在拓扑结构中被展示了出来。因此，拉康后期走向拓扑学也不足为怪了。

第五章

拉康的能指理论

第一节 拉康的路径：从语言学到拓扑学

一、索绪尔的无意识语言研究

精神分析同语言学有着深厚的渊源，二者的交叉研究一直是精神分析师和语言学家的关注焦点。弗洛伊德早已论述过梦的语言、双关语、合成词等语言现象的心理机制，而索绪尔自1894年起，就同心理学家弗洛诺乙对通灵者爱勒娜·丝迷黛在通灵状态下说出的"火星语"进行过研究，而这种讨论"可以看做是精神分析与语言学的初次相遇"。[①] 可以说，拉康将精神分析与结构语言学结合，是基于索绪尔和弗洛伊德共同研究的基础上。在两位学者的相关论著中，弗洛伊德对无意识状态下语言的研究更广为人知，而索绪尔对此的研究却未受

[①] 屠友祥:《索绪尔手稿初检》，上海人民出版社，2011年版，第164页。

到足够重视。如果说弗洛伊德是基于将潜意识当作前提条件的基础来研究语言现象。那么索绪尔的途径正好相反——他通过对语言的研究，说明了潜意识的存在，这就避免了精神分析深受诟病的"主观化"倾向。

从历史角度来看，索绪尔对语言中的无意识现象关注甚久，他同自己在日内瓦大学的同事弗洛诺伊、亨利共同进行的研究也具有极高的理论价值。在对通灵者丝迷黛的研究中，索绪尔注意到丝迷黛能发出一种"火星语"。"丝迷黛的梦游或通灵情状接近于催眠状态，这时处在意识空白的境地，存储于潜意识里的观念不会遭到意识的阻截和压制，可以宣泄出来，而清醒时分对此却没有意识，也就是不能纳入到意识中去，这正说明了潜意识的存在。"[1] 这种火星语是丝迷黛的自创语，同乔伊斯的自创语一样，它并非是不可理解的，维克多·亨利所著的《火星语》一书，便是对这种语言的破译。在清醒状态下，丝迷黛无法说出这种语言，但在梦游或通灵状态下，即无意识状态下，她却能说出这种语言。索绪尔据此事实观察到："语言事实或结果是有意识的，构成语言的方式和过程却是无意识的"。[2] 其实，这里已经暗含了拉康的某些思想，特殊状态下的丝迷黛，正是拉康的"阐述主体"，那个用无意识言说的主体，或者说，是被无意识借以表达自己的代理。在经过对火星语的进一步研究中，索绪尔识别出了其中的成分，并将之看作是可被理解的。"丝迷黛的自创语与普通语言的构成方式没有什么两样，展现了真实的语言创造和变形的规律，言说者拥有的语言程序的无意识特性也正显示了语言的真实状况，语言程序的展开和运用是无意识的、自发的，同时又充满了创造性的想象和诗性

---

[1] 屠友祥：《索绪尔手稿初检》，上海人民出版社，2011年版，第158页。
[2] 屠友祥：《索绪尔手稿初检》，上海人民出版社，2011年版，第159页。

的想象。"① 这不是与乔伊斯,甚至拉康的自创语有着异曲同工之妙吗?因此,维克多·亨利在《火星语》一书中说写道:"想创造一种不像任何语言的语言的人结果总会暴露或让人猜出秘密装置的机关所在,而这些装置在潜意识自我中同人类言语机制的形成是一致的。"② 可以看出潜意识同语言的密切关系,在笔者看来,索绪尔的研究才是客观论证二者关系的最佳论据。

二、对事物的"谋杀"

拉康能指理论的形成,在借鉴结构主义的基础上,还参考了皮尔斯相关符号理论,但这种参考也是以"颠覆"的方式进行的,因为拉康将皮尔斯所强调的符号对象排除了。这就涉及符号学研究的两种不同方式,其一以索绪尔为代表,将符号看作是由能指与所指结合而成的"双面心理实体"③,突出符号的精神性;其二则以皮尔斯为主导,将符号看作是包括代表项、符号对象与解释项的三元构成物。其中,代表项是"可被用来代表'他物'的,承载了意义的某物",符号对象是"被代表的'他物'",解释项则是"代表某物的符号为人们提供了一个关于该物的解释"④。在笔者看来,索绪尔与皮尔斯符号理论的最大差异在于对"外在事物"的看法,前者将其排除,而后者将其吸纳。皮尔斯对符号的三元研究路径,可追溯至古希腊哲学,其中,以斯多葛派的符号理论最为显著(拉康在《文字涂抹地》一文中也将索

---

① 屠友祥:《索绪尔手稿初检》,上海人民出版社,2011年版,第163页。
② [法]茨维坦·托多罗夫:《象征理论》,王国卿译,商务印书馆2004年版,第364-365页。
③ 张彩霞:《皮尔斯符号理论研究》,山东大学,2015年。
④ 张彩霞:《皮尔斯符号理论研究》,山东大学,2015年。

绪尔的能指概念溯源至斯多葛学派)。"斯多葛派说有三样东西联系在一起：所指、能指和事物。其中能指是声音，如 Dion；所指就是揭示出来的、依赖我们的思想而存在并被我们掌握的事物，野蛮人虽能听到发出的声音，却不能理解它的意义；而事物就是外界的存在，如狄翁这个人。"① 拉康阅读过大量古希腊哲学，在自己的研讨班中多次提及柏拉图、亚里士多德等人的哲学观点，对斯多葛派亦有关注。但他在两种符号研究路径中选择了索绪尔，将外在事物进行了排除，这不仅和精神分析强调"心理性"的立场相关，更是因为拉康反对皮尔斯符号的表现性，在拉康看来，表现某物的是记号，而"能指是一个不指涉任何物体的记号"②。因此，拉康所谓"能指是死的动因"③，也暗含了事物之死，暗含了能指是对事物的谋杀。"词语只有作为虚无的痕迹才能成立，其承载体于是不再会颓坏、依助词语，概念将消逝者留住而育化出事物。"④ 对此，齐泽克解释道："语言用意义弥补了我们的现实性缺失（用词语来替换了物）。"⑤ 在排除了事物之后，才有拉康对索绪尔的借鉴，对索绪尔所指的进一步谋杀。

三、主体的引入

精神分析所关注的对象，是来访的病患。这就需要拉康在结构语

---

① [法] 茨维坦·托多罗夫：《象征理论》，王国卿译，商务印书馆2004年版，第11页。
② Jacques Lacan. *The Seminar of Jacques Lacan*: *Book* Ⅲ, *The Psychoses* 1955—1956. New York and London: W·W·Norton & Company, 1993. p. 167.
③ [法] 拉康：《拉康选集》，褚孝泉译，上海三联书店2001年版，第15页。
④ [法] 拉康：《拉康选集》，褚孝泉译，上海三联书店2001年版，第287页。
⑤ [斯] 齐泽克：《延迟的否定：康德、黑格尔与意识形态批判》，夏莹译，南京大学出版社，2016年版，第133页。

言学的基础上引入主体的问题。由于索绪尔不重视个体言说，而精神分析的唯一媒介是案主的言语，因此，拉康对个体言说的引入需要再次对索绪尔进行颠覆。这次的颠覆，是拉康借鉴了语言学家叶斯伯森对索绪尔的批判。在叶斯伯森看来，索绪尔对整体语言与个体语言的划分是不妥的，因为"言语是个人的产物，群体语言是集体的产物。但群体仅仅是由个人组成的，语言中没有任何东西（这比其他事情更为重要）变成了集体的拥有物，只要它仅在个人或一些人身上发现"。① 由于索绪尔将整体语言看作潜存在每个人身上、具有社会集体性的一种制度，因此它才是语言学的研究对象。但叶斯伯森指出，社会也是由个人组成的，个体语言一直会受到社会性的影响，在任何情况下，都不能将二者进行切分。"最为个体的言说也是被社会性控制的：个体永远不能完全和他的环境相分离，在每一个个体言说的发声中，都有社会的元素。"② 他进一步指出："当索绪尔说个体总是掌控着个人语言时，他既不能制造也不能改变整体语言，这是一个可怕的夸大"。③ 叶斯伯森消抹了索绪尔整体语言与个体语言的二元对立，将二者看作是彼此作用的，这就又将个体的言说引入了符号学的视域内。

因此，拉康的能指理论才能通过个体的言说来探究无意识的秘密。克里斯蒂娃指出："当今语言学普遍接受的惯常做法，是在考虑语言时不包括其在言语中的具体实现，即忘记语言在言语之外是不存在的，或者认为主体是隐含性的，等同于其本身，是与其言语重合的

---

① ［丹］奥托·叶斯柏森：《从语言学角度论人类、民族和个人》，世界图书出版社，2010年版，第13页。
② ［丹］奥托·叶斯柏森：《从语言学角度论人类、民族和个人》，世界图书出版社，2010年版，第15页。
③ ［丹］奥托·叶斯柏森：《从语言学角度论人类、民族和个人》，世界图书出版社，2010年版，第15页。

一成不变的单位。而精神分析让这种做法变为一件不可能的事"。① 拉康的精神分析不仅缝合了索绪尔的二元对立，还将主体问题代入其中。拉康的目标从来都不是建立一门新型的符号学，而是始终将其当作精神分析的工具："在精神分析看来，语言可以说是一个次要的能指系统，它依附语言系统并与其范畴有明显关系，但同时又在其上叠加一个专属精神分析的组织，一个特定的逻辑"。② 这个逻辑便是无意识系统，只不过在拉康的理论中，语言系统与无意识系统发生了重叠与交叉。

那么，二者是如何交叉的呢？弗洛伊德在《超越快乐原则》中，观察到了发生在儿童身上的一个现象：儿童拿着一个缠线的木轴，当他把线轴抛出，线轴不见了的时候，他会发出"fort（走）"的声音，而当他用线把线轴拉回来时，又会发出"da（回）"的声音。拉康十分重视弗洛伊德的这个例子，在拉康看来，"fort－da"形成了两个对立的能指，当儿童用这两个能指来代替线轴时，已经是用词谋杀了物。在此基础上，拉康结合主体与符号界的关系，做了更为激进的阐释，他认为："线轴是主体自身被牺牲掉的一部分，进入象征界（符号界）需要付出的代价是主体放弃了他所有的一切"。③ 主体既放弃了乱伦的对象——可能带来原乐的母亲，又放弃了自己的"在"（being）。在进入符号界之后，主体与能指、无意识的关系便进一步显示出来。拉康借鉴雅各布森关于转换词的观点，区分了陈述主体与阐述主体，来说

---

① [法] 克里斯蒂娃：《语言，这个未知的世界》，复旦大学出版社，2015年版，第291页。
② [法] 克里斯蒂娃：《语言，这个未知的世界》，复旦大学出版社，2015年版，第285页。
③ [斯] 齐泽克：《延迟的否定：康德、黑格尔与意识形态批判》，夏莹译，南京大学出版社，2016年版，第132页。

明能指、主体与无意识的关系。对此，克里斯蒂娃举了这样一个例子，在"我怕他会来"这句话中，"我"是陈述的主体，即有意识言说的主体，但并非实际愿望的主体，"它只是在场陈述这个愿望的一个转换者或者索引"。① 用拉康的话说，就是一个代理。而实际愿望的主体，可能藏在"会"字下面。这种陈述主体与阐述主体的二元区分，对应着拉康在面对诊疗室案主言语时所做的两种区分：空洞的言语（parole vide）与充满意义的言语（parole pleine），前者指空洞的、无聊的夸夸其谈，而后者才是分析师应关注的对象，这种区分的目的既在于揭示无意识隐秘的一面，又为了说明主体在符号界的"被动"地位。

瓦解了索绪尔的符号之后，拉康理论中意义的产生便只能依靠能指链的运作——转喻与隐喻来提供。拉康结合弗洛伊德的释梦技术，将转喻与隐喻分别同移置和凝缩结合起来，这是无意识同结构语言学的再一次结合。但托多洛夫指出，这种结合是不完全的。"从这里我们可以看出，想按照拉康的观点把弗洛伊德的凝聚和移置这两个概念引向注入隐喻和借代这样的修辞范畴是多么偏颇了。凝聚包括了隐喻和借代在内的所有转义，还包括其他的意义联想关系，移置并不是一种借代，也不是一种转义，因为它并不是一种意义的替代，而是只把两种同时在场的意义联系到一起。"② 简而言之，弗洛伊德的移置和凝缩（聚）各自所包含的语言运作机制是较为复杂的，而拉康将之简单化处理了。

---

① ［法］克里斯蒂娃：《语言，这个未知的世界》，复旦大学出版社，2015年版，第292页。
② ［法］茨维坦·托多罗夫：《象征理论》，王国卿译，商务印书馆2004年版，第332–333页。

四、从能指到文字

拉康早期受索绪尔的影响，侧重言说的能指，而在后期则将重点放置在了书写上，对"文字"给予了极大关注。这一方面是受乔伊斯式文字游戏的影响，另一方面是由于拉康曾于1963年与1971年访日，对日本的文字产生了浓烈的兴趣，并称在去日本的旅行途中体会到了临界。在1971年的研讨班中，拉康说道，"文字构成了知识与享乐的界限"①。而临界就暗指这一界限，知识（S2）是由能指所组成的，而享乐（原乐）则与对象a有关，拉康将日语看作是不同于法语的一种系统，因为它"包含着一种书写效果，重要的是它依旧依附于书写"②。这就使得日语有了两种发音方式，其一是同法语相同的"音读"，即"就其本身而言是分别发音的"。③ 其二则是根据字形和字义进行的"训读"，即是"以汉字的意思在日语中被说出的方式"。④ 这第二种发音方式是法语所没有的，拉康在日文中看到了"文字本身根据其隐喻的法则而构成了对能指的支撑"。⑤ 因此，日文同法文的区别，便是文字与能指的区别。"一则不允许把文字变成一个能指，再

---

① ［法］米歇尔·福柯等：《文字即垃圾：危机之后的文学》，赵子龙等译，白轻编，重庆大学出版社，2016年版，第169页。
② ［法］米歇尔·福柯等：《文字即垃圾：危机之后的文学》，赵子龙等译，白轻编，重庆大学出版社，2016年版，第157页。
③ ［法］米歇尔·福柯等：《文字即垃圾：危机之后的文学》，赵子龙等译，白轻编，重庆大学出版社，2016年版，第157页。
④ ［法］米歇尔·福柯等：《文字即垃圾：危机之后的文学》，赵子龙等译，白轻编，重庆大学出版社，2016年版，第157页。
⑤ ［法］米歇尔·福柯等：《文字即垃圾：危机之后的文学》，赵子龙等译，白轻编，重庆大学出版社，2016年版，第157页。

者也不允许它带有一种有关能指的原初性。"[1] 文字虽然不同于能指，但它可以实现能指的功能，可以表达出语言的效果。"书写描摹的不是能指，而是其语言的种种效果，亦即说者以其语言而创造出来的东西。"[2] 拉康进一步阐释道："尽管文字是适合于书写话语的工具，然而这却并未使它变得不适合于指称在句子中替代另一个词而采取的词，甚至是通过另一个词而采取的词，且因此而变得不适合于象征能指的某些效果。"[3] 因此，文字一方面可以指涉能指所产生的语言效果，另一方面也可抵达原乐。"主体是由语言所分裂的，只是其中的一个辖域可以通过指涉于书写来获得满足，而另一辖域则是通过言语。"[4]

后期拉康开始转向数学能指，似乎又回到了皮尔斯最初的符号构想。众所周知，皮尔斯的符号学是服务于逻辑学的，他希望"符号学应该运用一种逻辑的运算以涵盖所有的能指系统，成为莱布尼茨所梦想的那个'推理演算'"[5]。而拉康对大量代数、逻辑公式的借用，目的在于摆脱语言能指的局限性。拉康在结合法国五月风暴的历史背景下，提出了四种话语模式（大学话语、主人话语、歇斯底里话语、精神分析话语），借此来说明主人能指作为一个无所意指的能指，是如何发挥作用，隐藏主体分裂的真相的。拉康对这一话语模型的描绘，

---

[1] ［法］米歇尔·福柯等：《文字即垃圾：危机之后的文学》，赵子龙等译，白轻编，重庆大学出版社，第150页。
[2] ［法］米歇尔·福柯等：《文字即垃圾：危机之后的文学》，赵子龙等译，白轻编，重庆大学出版社，第155页。
[3] ［法］米歇尔·福柯等：《文字即垃圾：危机之后的文学》，赵子龙等译，白轻编，重庆大学出版社，第150页。
[4] ［法］米歇尔·福柯等：《文字即垃圾：危机之后的文学》，赵子龙等译，白轻编，重庆大学出版社，第158页。
[5] ［法］克里斯蒂娃：《语言，这个未知的世界》，复旦大学出版社，2015年版，第315页。

已经包含了相关的数学逻辑。拉康在阅读了维特根斯坦的相关著作后，认为这种数学逻辑可以描绘维特根斯坦的"不可说"，也就是拉康的实在界。而拓扑能指则是在数学能指上的进一步延伸，拉康将拓扑直接看做了结构本身，借助波罗米纽结、莫比乌斯带等结构，拉康对主体、欲望、三界的阐述也蕴含其中。

纵观拉康的能指理论，其内涵随着拉康理论的转向在不断发生着变化。早期拉康的意图是借助索绪尔结构语言学的工具，对弗洛伊德的心理学理论进行"重读"，以将精神分析带回它的"正轨"中来。然而，拉康借用的索绪尔理论，在很大程度上远离了索绪尔的本意，他将索绪尔的符号概念进行了切分，剔除了所指，留下了能指，又参照了雅各布森、列维-斯特劳斯、本维尼斯特等学者的相关观点（或者说，是参照了这些学者对索绪尔的误读），形成了能指链的理论。在拉康对能指链的阐释中，他通过对爱伦·坡《失窃的信》的分析，说明了主体同能指链的关系，并将主体看作是由能指运作所产生的一个效应。由此，精神分析的主体同能指的关系一目了然，这两门学科也在拉康的理论中发生了交叉，对于这一时期的拉康来说，语言能指是通向无意识的最佳途径。20世纪60年代左右，拉康将理论侧重点转移到了实在界，由于实在界是语言能指无法抵达之处，因此，他开始借用数学能指作为工具。这一方法工具的转向，既与语言能指的局限有关，又与数学能指的纯粹性相关。彼时，拉康深受弗雷格算术逻辑的影响，又同康托尔、哥德尔等数学家交往密切，因此，他对数学能指的使用绝非出于偶然。然而，自20世纪70年代之后，数学能指又被拓扑能指所替代。如果说语言能指、数学能指均是拉康的方法论工具，那么拓扑能指则是拉康的理论本身，因为拓扑自身就是一个结构。总而言之，拉康对能指的转向，都是随着理论侧重点发生转移的，捋清其脉络，才能进一步了解拉康的能指理论，并做出相应批判。

第二节 拉康能指理论的批判与承继

拉康的理论自诞生之初，就饱受非议，这些非议可归为两类。其一是对他书写风格的批判，拉康正式授权出版的书籍仅《Écrits》一本，里面收录了他部分具有里程碑式意义的文章，如在1953年9月26至27日提交给罗马大会报告的《精神分析学中的言语和语言的作用和领域》、1946年宣读于波纳伐尔精神病研讨会上的《谈心理因果》等。但这些文章的写作风格是极其晦涩的，拉康在写作中使用了大量迂回曲折的表述，其文字亦是神秘诡谲，法国哲学家保罗·利科将拉康的书写看作是"无益地困难与倒错"，① 福柯则表示"拉康令人费解的散文令自己为难"②，拉康最为尊崇的哲学家海德格尔，在收到出版的《Écrits》后说道："迄今为止，我仍未从这本显然奇特的文本中获知任何东西，对于我来说，这个精神病学家需要一个精神病学家"。③ 而乔姆斯基的批评更为直接："拉康是一个清醒的骗子，他只是在同巴黎的知识分子组织玩游戏，其目的是为了看看他能产生多少荒唐却依旧被重视"。④ 这种对拉康书写风格的批判，是不完全的。在《Écrits》的导言中，拉康开篇就引用了布封的名言："风格即人"。作为一名精神分析师，无意识始终是拉康理论的焦点，他用来描述无意

---

① Douglas Sadao Aoki. *Letters from Lacan*. Paragraph, Volume29, NO.3, 2006.
② Ibid.
③ Douglas Sadao Aoki. *Letters from Lacan*. Paragraph, Volume29, NO.3, 2006.
④ Douglas Sadao Aoki. *Letters from Lacan*. Paragraph, Volume29, NO.3, 2006.

识的语言，无论其风格如何，其目的皆在于让读者从能指的字里行间听到无意识在言说。因此他刻意在字句的选择上给读者制造困难，以使能指的排列尽可能打破常规的用法，从而使无意识在能指间溢出。因此，在阅读拉康时，关注的不应是作为陈述主体的拉康，而是作为阐述主体无意识言说的拉康。事实上，拉康的这种写作风格深受乔伊斯影响，乔伊斯文本中大量俚语、同音异义词、造词、古语词的运用，是他结构自身症象的方式。同乔伊斯一样，拉康的写作，也是他结构自身症象的方式，因此他的这种书写风格饱受文学批评家的喜爱。珍·盖洛普指出："相比拉康的图表和后期的数基，我发现拉康的故事和诗是更合意的，更令人愉快的"。① 然而随着拉康后期的理论转向，大量算式、拓扑的使用使得他的文本愈发不可读，这不仅阻碍了大批文学批评家，甚至也为一些科学家、数学家、逻辑学家所诟病，如物理学家阿兰·索卡指出："拉康的文本可被当作是无意义的而忽视"。②

另一种批评则是对拉康理论本身的批评。这种批评，主要来自同时代的德里达、德勒兹等。德里达对拉康的批评，是基于拉康对爱伦·坡《失窃的信》的分析。在阅读了拉康对《失窃的信》的分析之后，德里达发表了一篇名为《真相制造者》的论文，在其中，他不仅指出了拉康能指理论的矛盾之处，更是批判了拉康理论中的"菲勒斯中心主义"。而德勒兹的批评主要集中在《反俄狄浦斯》一书中，他将拉康的实在界看作是精神分裂式的非连续体，分离了欲望同能指的关系。

尽管如此，但拉康能指理论所产生的影响也是不容小觑的。英国

---

① Douglas Sadao Aoki. *Letters from Lacan*. Paragraph, Volume29, NO.3, 2006.
② Ibid.

学者雷蒙德·塔利斯曾评价拉康:"那些试图拆穿被冠以'理论'之名的制度化诡计的未来历史学家们,肯定会给法国精神分析学家雅克·拉康的影响赋予一个核心的地位。如果说那些相当不可思议的思想和那些脱离证据的无限范围的断言构筑了一张混乱不堪的蜘蛛网(众多理论的实践者们将这些思想和断言编织成了它们的人文学科版本)那么,在这张蜘蛛网的中心,拉康就是其上最肥硕的蜘蛛之一。当代理论中的诸多核心教条皆肇始于他。"[1] 这一评价将拉康回溯性地置于其历史背景中,他的学术影响是难以估量的,在诊疗室内,他引导了后期的拉康派分析家;在诊疗室外,他的理论蔓延到了哲学、电影、文学、政治等领域。就他的能指理论而言,也影响了众多学者,其中既有活跃在左翼前沿的齐泽克、巴迪欧,也有被称为"法国女性主义三架马车"的克里斯蒂娃、埃莱娜·西苏等,这些学者均是在对拉康能指的批判性阅读中,提出自身理论的。

一、拉康能指理论的批判

(一) 德里达对拉康能指理论的批判

收录于《Écrits》的第一篇文章,便是拉康对爱伦·坡小说《失窃的信》的分析,拉康通过对它的分析,来揭示主体同能指的关系。在小说中,王后收到了一封信,信的内容(所指)未知,但是,若国王得知这封信的存在后,王后会面临严重的惩罚。在王家内室,信被王后放在了桌子上,身旁的国王对此一无所知,而一位大臣则在王后

---

[1] [英]肖恩·霍默:《导读拉康》,李新雨译,重庆大学出版社,2014年版,第11页。

的眼皮下拿走了这封信。王后秘密寻求警察总监的帮助，警察总监又求助于侦探迪潘。在警察搜寻了数次无果的大臣办公室中，那封搁置在壁炉架上的信，被迪潘看到了，随后，他在大臣毫不知情的情况下取回了那封信。根据小说文本，拉康绘制了两个场景，这两个场景的主体位置有着高度的相似性，如图 5-1 所示：

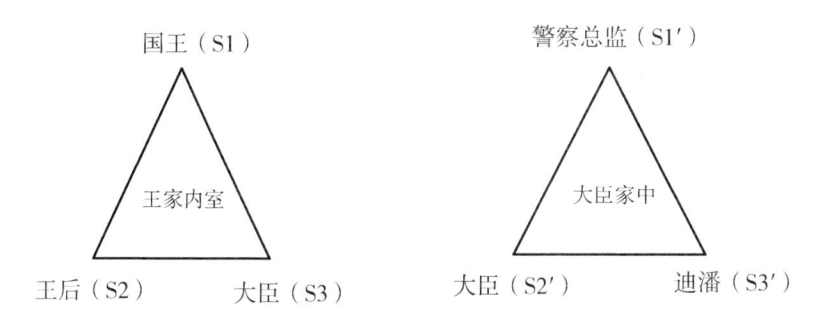

```
        国王（S1）                           警察总监（S1′）
           △                                    △
       王家内室                              大臣家中
    王后（S2）  大臣（S3）              大臣（S2′）  迪潘（S3′）
```

图 5-1　《失窃的信》的两个场景

建构这两个场景的动因便是信这个能指，正是能指的运动决定了主体的位置。在这两个场景中，主体的位置是一致的。第一个位置便是国王、警察总监的位置，在这个位置上，主体什么也没看到。第二个位置是王后（S2）、大臣（S2′）的位置，他们看到了第一个人什么也没看到。第三个主体位置便是大臣（S3）和迪潘（S3′）的位置，他们看到了前两次的观看。正是信这个能指的位移决定了主体的命运。在对《失窃的信》的分析中，拉康所针对的是这一个文本，而非阐释作者的本意，他借用此文本来说明能指对主体的决定作用。也正是这一立场，被德里达所批判。

在《真相的制造者》一文中，德里达首先指出，拉康对爱伦·坡小说的分析，仅针对《失窃的信》这一文本，而未把它与作者的其他小说联系起来。这就导致拉康对《失窃的信》的分析是基于内容层面的，而未把这个文本当作能指来看待。因此，拉康对此文本的分析又落入到了诠释学的领域里。"文字的作者被排除在了游戏之外,"① 这一批判是不无道理的,由于能指对主体具有决定性,爱伦·坡作为主体,他也是被能指所结构的,对一部作品的分析,也必然要将之放置在由全部文本组构而成的能指链中,结合其他的文本回溯性地赋予其意义。拉康所放弃的恰恰是自己提出的这一立场,"能指的移置被当作所指来分析"②,他借此来说明能指与主体的关系,且排除了所指的角色,这本身就是矛盾的。后期拉康在分析乔伊斯时,几乎阅读了乔伊斯的全部作品,他未关注《芬尼根守灵夜》或《一个青年艺术家的画像》的所指是什么,而是侧重于对乔伊斯文字游戏的分析,将重点放到了能指之上,这或许是借鉴了德里达的批判。

其次,则是能指的定位问题。在文本中,信(能指)从何而来,无从得知,但它对王后(主体)有着重要的意义。当它被大臣偷走之后,便离开了它原本所处的位置。"藏起来的东西其实只是不在其位置上的东西,"③ 因此,不能说这个能指"一定在某处或一定不在某处。相反,我们要说它所在或所去的地方它将在和将不在"④。文本的最后,侦探迪潘拿回了信,将其重新放置在了它应该在的地方。"能指——字母,根据我们所讨论的精神分析——超验拓扑学和语义学,它拥有一个合适的位置和意义,这形成了整个循环的条件、起源与终点,也形成了整个能指的逻辑。"⑤ 这是拉康与其立场的另一矛盾之处。拉康明确反对索绪尔所提出的能指线性原则,认为意义的展开不

---

① Jacques Derrida. *The Purveyor of Truth*. Yale French Studies, No. 52, Graphesis: Perspectives in Literature and Philosophy, 1975.
② Ibid.
③ [法] 拉康:《拉康选集》,褚孝泉译,上海三联书店2001年版,第17页。
④ [法] 拉康:《拉康选集》,褚孝泉译,上海三联书店2001年版,第16页。
⑤ Jacques Derrida. *The Purveyor of Truth*. Yale French Studies, No. 52, Graphesis: Perspectives in Literature and Philosophy, 1975.

是基于时间的推进而形成的，是通过句子结束之后被回溯性赋予的。"保罗被彼得打"这一句子，只有在全部说完之后才能获知其意义。但拉康这一说法的提出，本身就预设了能指的定位性，"彼得"这一能指只能位于句首，"打"这一能指只能位于句末……如果排除这种定位性，将能指进行任意组合，"保罗彼得打被""保罗打被彼得"……这样的句子即便通过回溯性地赋予，也是没有意义的。因此，先预设了能指的定位性，才会有意义的产生，"字母总是回到它自己的，甚至相同和决定性的位置"。① 因此，拉康的能指，总是会回到它应该在的地方，"能指永远不会为一个永不返回的缺失、自身的解构与撕裂而冒险"②。能指链的形成从来都不是任意的，它始终围绕着一个规则，以避免能指无法返回它应在的位置，这个规则，便是菲勒斯的律法。因此，这就使得拉康的能指理论带有了先验的色彩——能指的定位、运动、方向都是被固定的，拉康的"没有大他者的大他者"，就是反对先验的最佳说明，然而这一立场却与能指的实际情况形成了矛盾。

再次，是拉康的主人话语。拉康曾经将哲学当作主人话语，认为哲学家总是力图寻求现象背后的意义，他们自认为掌握了真理，站在真理的位置上进行言说。这一立场是拉康所极力反对的。然而在拉康对《失窃的信》的分析中，文中的侦探迪潘就站在了一个全知全能的上帝视角。迪潘在他的位置上，不仅看到了前两次观看，甚至直接掌握着主体的命运。此处迪潘的角色类似于临床中精神分析师的角色，位于主人的位置上。在德里达看来，拉康亦是处于这样的位置，通过

---

① Jacques Derrida. *The Purveyor of Truth*. Yale French Studies, No. 52, Graphesis: Perspectives in Literature and Philosophy, 1975.
② Ibid.

文本分析，拉康从中辨认出了重复的自动性，得出了"能指的移位决定了主体的行动、主体的命运、主体的拒绝、主体的盲目、主体的成功和主体的结局"① 这一真相，他对文本的全部讨论，就是为了向读者传递这种真相，而这正是拉康后期所反对的主人立场。在德里达看来，那封信（能指）永远无法到达终点，"字母总是无法到达它的终点，因为它属于结构，可以说它永远没有真正到达那里，当它到达了，它只是可能到达或未到达，内在的分叉撕裂了它"。② 作为能指，《失窃的信》在某种程度上也结构了拉康这个主体，当读者阅读这个文本，或阅读拉康对此的分析时，这一能指又悄无声息地结构着读者，能指的移动是一个没有终点的旅程，它既不确定，也不可逆，这是德里达的撒播，是对意义确定性的否认。"'文本'从此不再是一个处于完成状态的语料库，也不再是一些封存于书本和书边的内容，文本是一个差异的网络，是踪迹遍布的编织物，无休止地指涉着它自身以外的事物，指涉着其他差异的踪迹。"③

（二）德勒兹对拉康能指理论的批判

德勒兹对拉康的批判，可见于他同瓜塔里合著的《资本主义与精神分裂》两卷本（《反俄狄浦斯》与《千高原》）中，其中，《反俄狄浦斯》更可看作是对拉康理论的阅读。同为精神分析师，德勒兹不仅反对拉康的能指理论，更是用他自己的能指理论提出了语言的"精神分裂式使用"。

首先，是对拉康将能指提升到优先地位的批判。德勒兹和瓜塔里

---

① [法]拉康:《拉康选集》，褚孝泉译，上海三联书店2001年版，第22页。
② Jacques Derrida. *The Purveyor of Truth*. Yale French Studies, No. 52, Graphesis: Perspectives in Literature and Philosophy, 1975.
③ [英]尼古拉斯·罗伊尔:《导读德里达》，严子杰译，重庆大学出版社，2015年版，第65页。

第五章 拉康的能指理论

在《千高原》的语言学公设一章中,明确反对了拉康对索绪尔符号概念的割裂,这种反对是在参考了语言哲学家奥斯丁、巴赫金以及叶尔姆斯列夫的基础上进行的。叶尔姆斯列夫将索绪尔的能指与所指改写为表达与内容,并将这两个层面共置于交互预设之中,即这两个层面是相互构成彼此的,没有任何优先性。德勒兹借鉴了叶尔姆斯列夫的符号学构想,他指出,两个层面的交互预设形成的并非是一对一的关系,而是"维系了一个开放系统中的自我组织的内在性:关系中的任何一方都不能转而信奉优先性和超越性"。[1] 因此,德勒兹在此意义上批判拉康,拉康将能指提升到具有优先性地位的做法,实则是一种专制的标志,是德勒兹"表意符号学"的后果,是帝国暴君施放的符号,带来了"能指的统治与所指的式微"。[2] 而拉康如此做的结果,便是带来了精神分析的暴政。"当能指取代了所指时,精神分析学便无视它曾经玩味的任何实验科学,而选择了不可战胜的心理系统,由于这一转变,它提出了一种令人畏惧的官方语言,使之服务于既定秩序。"[3] 因此,在德勒兹看来,拉康的理论又落入了他曾批判的主人话语圈套中。

其次,是对菲勒斯能指的批判。拉康将俄狄浦斯结构看作是主体进入符号界的唯一途径,菲勒斯意义的获得也是通过父性隐喻的运作,它是保证意义有效组织的条件。菲勒斯能指是大他者中缺失的,是"外存在"于大他者的,它是大他者中缺乏的能指。尽管拉康的理论以菲勒斯的"不在其位"避免了将菲勒斯看作能指的中心,但德勒

---

[1] [英] 尤金·W·霍兰德:《导读德勒兹与加塔利〈千高原〉》,周兮吟译,重庆大学出版社,2016年版,第63页。
[2] [英] 尤金·W·霍兰德:《导读德勒兹与加塔利〈千高原〉》,周兮吟译,重庆大学出版社,2016年版,第90页。
[3] [法] 德勒兹:《哲学的客体》,陈永国译,北京大学出版社,2009年版,第14页。

兹指出："如果首要的原则是试图再封闭俄狄浦斯的束缚，那这么做不就是到了这样一种程度，即拉康看起来保持了一种将能指链放置在一个专横能指上的投射……欲望的符号，它是非意指的，就一个缺席或缺失的能指来说，它变成了表征的意指"。① 此处所批判的是菲勒斯能指的专制，如果菲勒斯能指是意义有效组织的条件，那么拉康就是将能指的专制又投射到了一个单独的能指身上，相比其他能指，菲勒斯就具有了超验的性质，这是德勒兹所批判的立场。

最后，拉康将无意识看作是具有像语言一样的结构，因此，可以在能指的显隐间把握无意识。而在德勒兹看来："无意识既非符号界，又非想象界，它自身是实在界，不可能的实在界，它的产物……欲望机器……组成了实在界，超越了符号界与想象界"。② 所谓的"结构或者统一化则是能指的过度编码所带来的后果"。③ 因此，德勒兹反对任何形式的统一，他的理论基点与德里达有诸多相似之处，二者都倡导一种无中心，纯粹生成蔓延的状态，固定这种状态的是语言，但同时，语言也超越了这些界限。无意识作为实在界，自然是拉康的能指所抵达不到的地方。而德勒兹的能指却是通过"精神分裂式"的运用，直面实在界。"语言的精神分裂式使用，将语言推至了它的极限，损毁了它的意指过程，名称及转换"。④ 语言的精神分裂式使用，也是德勒兹区别于拉康精神分析的要点，"精神分析始于符号界，并且找出了标志不可能的实在界的缺口，而精神分裂始于作为欲望内在过程的实

---

① Daniel W·Smith. *The Inverse Side of the Structure*: *Zizek on Deleuze on Lacan*. Criticism, vol. 46, NO. 4, 2004.
② Ibid.
③ ［英］尤金·W·霍兰德：《导读德勒兹与加塔利〈千高原〉》，周兮吟译，重庆大学出版社，2016年版，第42页。
④ Daniel W·Smith. *The Inverse Side of the Structure*: *Zizek on Deleuze on Lacan*. Criticism, vol. 46, NO. 4, 2004.

在界，它既企图标志这一过程的中断，又力求标志这一过程的持续与转换"。① 德勒兹在《反俄狄浦斯》出版后，于1972年将此书送给拉康，尽管他担心书中对拉康的批判会招致拉康的反感，但相反的是，拉康不仅仔细阅读了这本书，在后期的理论中也受了其影响。这种影响主要体现于对能指的"精神分裂式"使用上。"如果作为整体的语言不被颠覆或推至极限，推至由不再属于语言的现象和声响构成的外部或反面，那么就不可能在语言中形成一种外语，这些现象并非幻象，而是作家在语言的空隙中，在语言的间隙之中看到或听到的真实的理念。"② 拉康在后期用"文字"来描绘实在界，就是将能指推至极限的表现，"语言学诡计"（linguisterie）是拉康接近实在界的方式。

二、拉康能指理论的承继

（一）齐泽克的意识形态批判

齐泽克曾师从拉康的学术继承人雅克·阿兰米勒学习精神分析，是拉康的正统隔代弟子。齐泽克的理论体系及其庞杂，其来源包括拉康、马克思、黑格尔等。齐泽克在不同的著作中，也对拉康理论做过批判性阐释。齐泽克提出的意识形态批判，就是在借鉴拉康相关能指理论的基础上进行的。

齐泽克将意识形态看作是"建构社会现实的无意识幻象（幻见），这里的现实不是日常意义上的现实，而是符号化建构的结果"。③ 可以

---

① Daniel W·Smith. *The Inverse Side of the Structure*: *Zizek on Deleuze on Lacan*. Criticism, vol. 46, NO. 4, 2004.
② ［法］德勒兹：《哲学的客体》，陈永国译，北京大学出版社，2009年版，第247页。
③ 莫雷：《穿越意识形态的幻象》，中国社会科学出版社，2012年版，第63页。

看出，齐泽克的意识形态，实则是拉康幻见的延伸。这种意识形态架构起了主体的欲望，隐藏了大他者的缺失，它的运作机制便是通过话语来进行的。齐泽克对意识形态话语的分析，便是借鉴了拉康的能指理论。齐泽克将拉康的"锚定点"看作主人能指："主人能指就固定了其他能指的浮动，给予它们固定的意义，并将它们结构成统一的领域，赋予它们相应的意识形态内涵"。① 也就是说，主人能指将其他能指的位置固定下来，赋予它们特定的意义，并且在这一领域内维持了能指的运作，这些能指相互作用的空间，便是意识形态的发生领域。主人能指自身无所意指，但它"可以通过形式化的操作重新安排先前既有的内容"。② 齐泽克在《意识形态的崇高客体》中说道："将某一意识形态体验的统一性和同一性作为指涉点予以保证的，并不是实在客体。与此相反，正是对于一个'纯粹'能指的指涉，为我们对历史现实自身的体验提供了统一性和同一性。"③ 比如说，在某个小学班级中，"听老师的话"就是由"好学生"这一能指来指示的，好学生的特征也在于听老师的话，而那些不听老师话的人，已经被排除在了好学生之外，成为了"坏学生"。主人能指将一些特定能指安排好，将其他能指排除在这个循环外，这些能指相互作用，形成了主导的意识形态。而要想对其进行批判，也必须从话语入手。齐泽克指出，进行意识形态批判"关键要发现赋予意识形态形式上的一致性的运作机制，避免在空洞的支配性能指背后千方百计寻求符合意识形态特征的某种具体的所指"。④ 主人能指是空洞的，它并非是先验的，意识形态

---

① 莫雷：《穿越意识形态的幻象》，中国社会科学出版社，2012年版，第87页。
② 莫雷：《穿越意识形态的幻象》，中国社会科学出版社，2012年版，第89页。
③ 莫雷：《穿越意识形态的幻象》，中国社会科学出版社，2012年版，第137页。
④ 莫雷：《穿越意识形态的幻象》，中国社会科学出版社，2012年版，第91页。

的运作机制,便是将主人能指的偶然性当作了必然性,赋予其先验的地位。可以看出,齐泽克的意识形态批评,拓展了拉康的主人话语。

(二) 克里斯蒂娃的解析符号学

克里斯蒂娃解析符号学的思想渊源,与拉康有着密不可分的关联。解析符号学是"一种通过精神分析对语言学所做的反形式主义的重新阅读,它将对结构的关注转移到结构生成的过程,将对能指的关注转移到记号,旨在揭示语言的异质性层面以及文本的多重表意手段"。[1] 克里斯蒂娃对"生成"维度的强调,是由拉康的能指理论推衍而来的。克里斯蒂娃接受了拉康排除所指的做法,将文本看作是由能指链构成的,排除了能指与所指的对应关系:"文本存在于能指之中,是关于能指的实践形式……文本是能指的游戏之场,不能与所指完全对应,存在不能还原于所指的意义的剩余"。[2] 拉康早期是在侧重口头言说的基础上,对索绪尔的符号进行了切分,而克里斯蒂娃则将拉康的口头言说引申到了文本,文本于是成为了意义生成的空间,文本间不断进行着对话。

但是,克里斯蒂娃也看到了拉康理论的局限,她认为"拉康的精神分析学阐释被迫封闭在词语游戏、语音元辅音的形式化和纯粹解构之中,而情感和冲动的成分受到了相当的忽略"。[3] 因此,在对精神分析学参照的基础上,克里斯蒂娃借鉴了语义学和语用学的研究,将后者对主体的相关阐述纳入自己的理论体系,并将符号存在的形态划分为符号象征态与前符号态。"符号象征态相当于拉康所说的象征界,

---

[1] 孙秀丽:《克里斯蒂娃解析符号学研究》,黑龙江大学出版社,2016年版,第48页。
[2] 孙秀丽:《克里斯蒂娃解析符号学研究》,黑龙江大学出版社,2016年版,第143页。
[3] 赵靓:《拉康与法国精神分析批评》,《社会科学家》,2017年6月。

前符号态是符号象征态的母体或基础,即前符号态虽然不是符号象征态,但却孕育着符号象征态"①。由于"前符号态对应身体性的物质现实"。② 因此它可以包纳主体的情感与冲动成分,在克里斯蒂娃看来,前符号态与符号象征态共同作用,才能完成符号实践。

(三) 埃莱娜·西苏的女性书写

埃莱娜·西苏也是在借鉴拉康能指理论的基础上,提出了"女性书写"理论。拉康将语言看作是先于主体而存在的,西苏也表达了同样的看法:"一切皆逝,唯余词语。词语是我们通向另外世界的大门,这是一种孩提时代便可了悟的体验"。③ 但是,在如何通过词语通向世界的问题上,西苏表达了同拉康不同的看法。众所周知,拉康的俄狄浦斯戏剧是以认同作为符号律法代表的父亲而结束的,但西苏却将这位父亲看作了父权模式下的产物,对于女性来说,这是极为不公的,"拉康对语言和象征的强调表明了社会组织的父权制模式需求。他对语言和象征的定位对解释他为什么要强调父权制价值观具有某种策略性价值,而这也正是女性主义批评家削弱和颠覆其理论的切入点"。④ 因此,西苏"强调母亲的作用,回到母亲的身体,高扬母亲的声音"⑤。

在西苏看来,以父亲为代表的符号律法是男性的语言,而"男性正是通过语言,把自己的欲望放置在主导地位,消除了他者的所有可

---

① 孙秀丽:《克里斯蒂娃解析符号学研究》,黑龙江大学出版社,2016年版,第99页。
② 同上。
③ 郭乙瑶:《性别差异的诗意书写——埃莱娜·西苏理论研究》,北京师范大学出版社,2013年版,第125页。
④ 郭乙瑶:《性别差异的诗意书写——埃莱娜·西苏理论研究》,北京师范大学出版社,2013年版,第126页。
⑤ 郭乙瑶:《性别差异的诗意书写——埃莱娜·西苏理论研究》,北京师范大学出版社,2013年版,第125页。

能性"。① 女性若想获得解放,首先需要在语言中解放自己。西苏的策略是创造一种新的语言,一种女性的语言,即爱的语言。"这种女性的语言强调过程,拥抱差异,欢迎多元。"② 可以看出,西苏并非是创造一种用以母亲为代表的符号律法,而是强调语言的多元性。她的女性书写理论,也是基于这种语言观进行的,西苏的女性书写理论倡导用身体书写,因为女性的身体既与母亲有着更为密切的关系,它也包含着一部分男性无法得到的原乐,因此,用女性的身体书写,能更接近俄狄浦斯前的母子状态。总而言之,西苏的女性书写理论"倡导一种无中心的、非同一的、在不断分延着的符号语境中流动着的意义"。③ 这一理论是在对拉康的批判性阅读上形成的。

---

① 郭乙瑶:《性别差异的诗意书写——埃莱娜·西苏理论研究》,北京师范大学出版社,2013年版,第134页。
② 郭乙瑶:《性别差异的诗意书写——埃莱娜·西苏理论研究》,北京师范大学出版社,2013年版,第135页。
③ 郭乙瑶:《性别差异的诗意书写——埃莱娜·西苏理论研究》,北京师范大学出版社,2013年版,第226页。

结　语

　　拉康的学术思想内容丰富，能指仅是笔者所提取的一条线索，其目的在于滤清拉康理论中同能指相关的概念。之所以选择这样一条研究路径，不仅是由于拉康的能指理论在学术界产生了深远的影响，更是因为他的研究方法为跨学科研究提供了一种全新的思路。他创造性地将索绪尔的符号进行了切割，提升了能指的地位，并用能指来阐释主体、症状等概念，这对于当时因忽视主体问题而备受指责的结构主义来说，无疑是一针强心剂。当后期的拉康使用数学、拓扑学的方式来阐释精神分析时，看似与精神分析无关的数学能指、拓扑能指便以一种特别的方式参与到了精神分析的事业中，并成为了独具拉康特色的展示工具。可以说，他的这种研究方法为跨学科的交叉提供了楷模。克里斯蒂娃对拓扑学的使用，很大程度上便受益于拉康。

　　尽管如此，拉康能指理论亦有其不足。拉康的能指理论虽来源于索绪尔，但其最大弊病也在于对索绪尔的误读。法国哲学家菲利普·拉古-拉巴特和让-吕克·南希指出："如何一边奠定一门科学的基础，一边去摧毁它的基础性要素呢？如何摧毁一门科学的同时又保留它的所有概念呢？甚至，我们是否可以——因为这恰恰是问题所在——一边重新奠基或者重塑一门业已建立的科学，一边使用它的专有属于来抨击使它确立为科学的那个东西？这就不仅仅是一个站不住脚的立场，而是一项不可能完成的任务"。① 众所周知，拉康对精神分析的概述，是借鉴了索绪尔的结构语言学工具，但这种借鉴，却是以一种颠覆性的方式来完成的，关于这种颠覆的合理性，需做进一步的考量。

在《无意识中文字的动因或自弗洛伊德以来的理性》中，拉康将索绪尔的符号图示改写为了能指在上，所指在下的 $\frac{S}{s}$，中间的横线表明了二者之间的阻隔。在索绪尔的符号构想中，能指与所指是一张纸的正反两面，二者的关系是不可拆解的，可以说，对于符号来说，能指与所指间的"关系"是首要的，没有了这种关系，符号存在的合法性也会受到质疑。"一切语言事实都是由关系构成的，而且仅仅由关系构成，别无其他。"② 拉康在将索绪尔的符号进行改写时，忽视的恰恰是"关系"。在拉康的图示中，首要的是能指与所指间的阻隔，在排除了所指之后，拉康才强调能指间的位置与关系。这可从拉康列举的一个例子中看出，如图 6-1 所示：

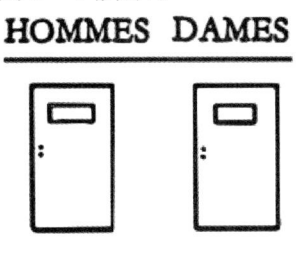

图 6-1 洗手间区隔图

---

① ［法］菲利普·拉古-拉巴特，让-吕克·南希：《文字的凭据：对拉康的一个解读》，张洋译，漓江出版社，2016 年版，第 41 页。
② 屠友祥：《索绪尔手稿初检》，上海人民出版社，2011 年版，第 46-47 页，第 211 页。

拉康精神分析学的能指问题 >>>

  在这个图示中，两扇一模一样的门，凭借上方的能指 hommes（男士）和 dames（女士）而彼此区分。拉康借此说明"能指是如何在事实上进入所指的"，① 即能指是如何代替所指而发挥作用的。"必须认识到，'进入所指的层面'向来是指且只可能指：走到所指的边界上，换句话说，并没有越过这个边界（或者说，已经超越了这个边界，但正因如此，所指马上就从中被穷尽了，切分瓦解，而滑动一直延续）。"② 那一条横杠，代表了能指对所指的阻隔，隔离了所指之后，能指担负起所指的效果，因此能指间的差异已足够为主体提供一条分开解手的法则。"一条法则的象征化（符号化）进驻到所指的位置上，该法则是一条性别隔离的法则。"③ 可以看出，拉康对索绪尔符号改造的基本路径是：先隔离所指，再将所指的效果负担在能指上，此后才有能指链的运作、意义的产生。于是，"能指的自主化是次要的，它取决于抵制本身"。④ 这已经偏离了索绪尔的基本思想。在索绪尔看来："我们如果不就每个词想象概念和听觉印象之间内在的联结，就决不能想象一个词和其他的词之间的联系"。⑤ 能指和所指之间的契约关系，始终是索绪尔符号概念的要义，他不止一次地强调过二者的关系："概念和听觉印象的结合是语言的二重性本质，这是直接呈现的语言单位或语言实体。缺少任何一个方面或者分离两者，语言单位或

---

① ［法］拉康：《拉康选集》，褚孝泉译，上海三联书店2001年版，第430页。
② ［法］菲利普·拉古－拉巴特，让－吕克·南希：《文字的凭据：对拉康的一个解读》，张洋译，漓江出版社，2016年版，第73页。
③ ［法］菲利普·拉古－拉巴特，让－吕克·南希：《文字的凭据：对拉康的一个解读》，张洋译，漓江出版社，2016年版，第47页。
④ ［法］菲利普·拉古－拉巴特，让－吕克·南希：《文字的凭据：对拉康的一个解读》，张洋译，漓江出版社，2016年版，第40页。
⑤ 屠友祥：《索绪尔手稿初检》，上海人民出版社，2011年版，第107页。

实体就不存在了。"① 屠友祥先生在对索绪尔的研究中，多次提出索绪尔理论中"关系"的重要性②，笔者在借鉴屠友祥先生阐述的基础上，认识到拉康在引入了能指与所指间的阻隔之后，便是从根基上瓦解了索绪尔的符号构想，走向了索绪尔所谓的"构想二重性的便当而危险的道路"。③ 正如菲利普·拉古-拉巴特和让-吕克·南希所指出的："在符号理论中引入的这个断裂，其跨度到底有多大：我们会说，这个跨度无异于关闭或叫停了符号在哲学上的全部问题意识。"④ 这一问题意识，便是符号的任意性问题。符号的任意性是索绪尔在《普通语言学教程》中提出的首要真理，所谓任意性是指"关系将某个特定的听觉印象与某个确定的概念连接起来，并赋予它符号的价值，这是个彻底任意的关系"⑤。雅各布森、本维尼斯特等影响拉康思想的语言学家均对其做出过考量，但拉康却未对此做相关阐述。排除了所指之后，任意性关系必然不复存在。

拉康对索绪尔的第二个误解在于对能指线性特征的误解。"语言符号（用作符号的印象）拥有一个时间的长度，这个时间的长度在单一的向度上展开。"⑥ 这个时间长度必然涉及一条听觉链，而听觉链是以音位为构成要素的。拉康曾批判索绪尔根据能指线性特征在能指与

---

① 屠友祥：《索绪尔手稿初检》，上海人民出版社，2011年版，第204页。
② 具体可参见屠友祥：《指称关系和任意关系、差异关系——索绪尔语言符号观排除外在事物原因探究》，《空无性与关系性：语言符号的根本特性——索绪尔〈杂记〉发微》等论文。
③ 屠友祥：《索绪尔手稿初检》，上海人民出版社，2011年版，第106页。
④ [法]菲利普·拉古-拉巴特，让-吕克·南希：《文字的凭据：对拉康的一个解读》，张洋译，漓江出版社，2016年版，第41页。
⑤ [瑞]费尔迪南·德·索绪尔：《普通语言学教程》，刘丽译，中国社会科学出版社，2011年版，第86页。
⑥ [瑞]费尔迪南·德·索绪尔：《普通语言学教程》，刘丽译，中国社会科学出版社，2011年版，第88页。

所指间划分的对应关系，却忽视了这种"线状的符号要素在听觉印象里能够转换成空间形态"。① 拉康结合诗歌所提出的能指五线谱似的多声调排列，不就是一种空间形态吗？"听觉链不是分成相等的拍子，而是分成同质的拍子，它的特征就是印象的统一，这就是音位研究的出发点。"② 拉康列举的"彼得打保罗"与"保罗被彼得打"的例子，并不能说明能指线性的不完全性，拉康仅看到了音位的时间向度，却忽视了能指的心理性，忽视了能指是一种听觉印象，听觉印象的产生始终是寓于大脑空间内的，对句子的理解所依据的正是在空间中印象的统一，拉康那种回溯性地理解句子的方式，所表达的也是这种整体的统一。

在拉康割裂了能指与所指的关系之后，就为符号系统的开放性带来了难题。索绪尔的符号系统从来都不是封闭的、静态的、固定的，它是具有开放性和变化性的。而这种变化，首要体现在"变化造成了能指和所指之间整个关系的持续不断的转移"。③ 也正是这种变化确保了符号系统的动态性。从拉康对能指的阐述来看，显然能指系统也是一个动态的系统，能指链的游移确保了这一系统的动态性。但是，在排除了所指之后，能指系统的开放性与变化性如何保证呢？能指的游移就能够确保这一系统的开放性吗？显然不是。克里斯蒂娃对文本的阐述，借鉴了拉康的能指理论，其目的在于强调"生成"的维度。而拉康则将能指链的运作固化到了隐喻与转喻上，众所周知，能指链的运作方式仅隐喻和转喻两种，这也是能指链产生意义的方式，那么，这两种运作方式就能确保能指意义的开放性与丰富性吗？德勒兹和瓜

---

① 屠友祥：《索绪尔手稿初检》，上海人民出版社，2011年版，第237页。
② 屠友祥：《索绪尔手稿初检》，上海人民出版社，2011年版，第36页。
③ 屠友祥：《索绪尔手稿初检》，上海人民出版社，2011年版，第112页。

塔里在《千高原》中指出："某些人想要赋予隐喻和换喻（转喻）以重要性，而这对于语言的研究来说被证明是毁灭性的。隐喻与换喻仅仅是语言的效应，它们并不属于语言，除非它们已经预设了间接话语"。① 所谓的间接话语，便是"在一种激情之中存在着众多的激情，在一种语音之中存在着各种各样的语音，一阵喧哗（精神病人）的新语"。② 间接话语旨在强调一种自由的形式。而隐喻与转喻势必不会带来这种丰富性，因此，依靠隐喻与转喻的能指链就会显得贫瘠，尽管它是动态的，却无法保证它的开放性。事实上，拉康在其后也逐渐认识到了这个问题，他受乔伊斯影响所使用的大量同音异义词、新造词、古语词、俚语、双关语等，就是为了赋予能指以不同形式，以保证能指系统的开放性。

能指理论仅是拉康理论中的一部分，也是笔者找到的一个拉康理论入口。通过能指这一入口，笔者滤清了拉康思想中与之相关的概念，但拉康思想深邃且宏大，他的学术来源，除了可用能指阐述的语言学、数学之外，还包括古希腊哲学、现象学、近代唯理论、古典文学等。因此，在梳理拉康思想时，可依据不同的学科特性寻找不同的脉络，拉康自己的思想体系，亦是类似乔伊斯文字游戏似的迷宫。在《文字涂抹地》一文中，拉康说道："我自己的文本也不会经由我的心理传记而得到解答；譬如，我可能会形成的那种想要最终得到恰当解读的愿望。"③ 对于拉康的解读，一直都是"误读"，因为拉康一直申明他

---

① [法]菲利克斯·加塔利，吉尔·德勒兹：《资本主义与精神分裂（卷二）：千高原》，姜宇辉译，上海书店出版社，2010年版，第103页。
② [法]菲利克斯·加塔利，吉尔·德勒兹：《资本主义与精神分裂（卷二）：千高原》，姜宇辉译，上海书店出版社，2010年版，第103页。
③ [法]米歇尔·福柯等：《文字即垃圾：危机之后的文学》，赵子龙等译，白轻编，重庆大学出版社，第148页。

是不可解读的。正如拉康对索绪尔的"误读"一样，笔者跟随拉康的能指链，赋予了自己的意义，但能指链是不断移置的，拉康理论的意义也处于不断生成的过程中，但这并不意味着一切都是不断变化的，正如米勒所指出的："什么是保持不变的呢？位置、关系，以及这些位置间的关系。改变的是占据这些位置的术语"。① 对于每一位拉康的阐释者来说，都是站在了这样一个暂时的"术语"的位置上，对拉康理论进行研究与学习。

---

① Jacques – Alain Miller (translated by Barbara P. Fulks). *The Logic of Cure*. Lacanian Ink, Vol. 33. 2009.

参考文献

一、外文文献

(一) 著作

1. Jacques Lacan (translated by Alan Sheridan). *The Seminar of Jacques Lacan: Book XI, The Four Fundamental Concepts of Psychoanalusis*. New York and London: W·W·Norton & Company, 1981.

2. Jacques Lacan. *The Seminar of Jacques Lacan: Book I, Freud's Papers on Technique* 1953—1954. New York and London: W·W·Norton & Company, 1988.

3. Jacques Lacan. *The Seminar of Jacques Lacan: Book I, Freud's Papers on Technique* 1953—1954. New York and London: W·W·Norton & Company, 1988.

4. Jacques Lacan. *The Seminar of Jacques Lacan: Book Ⅲ, The Psychoses* 1955—1956. New York and London: W·W·Norton & Company, 1993.

5. Jacques lacan (translated by Bruce Fink). *The Seminar of Jacques*

Lacan; Book XX, Encore 1972—1973. New York and London: W·W·Norton & Company, 1998.

6. Jacques Lacan (translated by Russell Grigg). *The Seminar of Jacques Lacan: Book XVII, The Other Side of Psychoanalusis.* New York and London: W·W·Norton & Company, 2007.

7. Roman Jakobson And Morris Halle. *Fundamentals of Language.* Gravenhage: Mouton&Co.'S, 1956.

8. Austin, J. L. *How to do Things with Words.* Oxford and New York: Orford University Press, 1975.

9. Roman Jakobson (translated from the French by John Mepham). *Six Lectures on Sound and Meaning.* Cambridge, Massachusetts, and London, England: The MIT Press, 1978.

10. Stuart Schneiderman edited. *Returning to Freud: Clinical Psychoanalysis in the School of Lacan.* New Haven and London: Yale University Press, 1980.

11. Catherine Clément (translated by Arthur Goldhammer). *Lives and Legends of Jacques Lacan.* New York: Columbia University Press, 1983.

12. Ellie Ragland-Sullivan. *Jacques Lacan and the Philosophy of Psychoanalysis.* Urbana and Chicago: University of Illinois Press, 1987.

13. Ellie Ragland-Sullivan and Mark Bracher ed. *Lacan and the Subject of Language (RLE: Lacan).* New York: Routledge, 1991.

14. Mikkel Borch-Jacobsen (translated by Douglas Brick). *Lacan: The Absolute Master.* Stanford, California: Stanford University Press, 1991.

15. Richard Boothby. *Death and Desire: Psychoanalytic theory in Lacan's return to Freud.* New York and London: Routledge, 1991.

16. Samuel Weber(translated by Michel Levine). *Return to Freud:Jacques Lacan's dislocation of psychoanalysis.* Cambridge: Cambridge University Press,1991.

17. Jean – Luc Nancy and Philippe Lacoue – Labarthe (translated by François Raffoul and David Pettigrew). *The Title of The Letter:A Reading of Lacan.* New York:State University of New York Press,1992.

18. Michel Arrivé(translated by James Leader). *Linguistics and Psychoanalysis.* Amsterdam: John Benjamins Publishing Company,1992.

19. Michel Arrivé(translated by Michel Levine). *Return to Freud: Jacques Lacan's Dislocation of Psychoanalysis.* Amsterdam: John Benjamins Publishing Company,1992.

20. Mark Bracher, Marshall W. Alcorn, Jr., Ronald J. Corthell, etc. *Lacanian Theory of Discourse:Subject, Structure, and Society.* New York and London:New York University Press. 1994.

21. Ellie Ragland. *Essays on the Pleasures of Death:From Freud to Lacan.* New York:Routledge,1995.

22. Richard Feldstein,Bruce Fink,Maire Jannus. *Reading Seminar XI: Lacan's Four Fundamental Concepts of Psychoanalysis.* New York: State University of New York Press,1995.

23. Saussure. F. De. *Phonétique: il manoscritto di Harvard Houghton library bMs Fr* 266 (8). edizione a cura di Maria Pia Marchese. Padova: Unipress. 1995.

24. Bruce Fink. *The Lacanian Subject: Between Language and Jouissance.* Princeton: Princeton University Press,1996.

25. David Pettigrew, François Raffoul ed. *Disseminating Lacan*. New

York: State University of New York Press, 1996.

26. Elisabeth Roudinesco (translated by Barbara Bray). *Jacques Lacan.* New York: Columbia University Press, 1997.

27. Joël Dor, Judith Feher Gurewich. *Introduction to the Reading of Lacan: The Unconscious Structured like a Language.* Canada: Other Press, 1998.

28. Dany Nobus ed. *Key Concepts of Lacanian Psychoanalysis.* New York: Other Press, 1999.

29. Huguette Glowinski, Zita M. Marks, Sara Murphy. *A Compendium of Lacanian Terms.* London: Free Association Books, 2001.

30. Roberto Harari (translated by Luke Thurston). How James Joyce Made His Name: A Reading of the Final Lacan. New York: Other Press, 2002.

31. Saussure, F. De. Écrits de linguistique générale. Texte établi et édité par Simon Bouquet et Rudolf Engler. Paris: Gallimard. 2002.

32. Willy Apollon, Danielle Bergeron, Lucie Cantin. After Lacan: Clinical Practice and the Subject of the Unconscious. New York: State University of New York Press, 2002.

33. Jean-Michel Rabaté ed. *The Cambridge Companion to Lacan.* New York: Cambridge University Press, 2003.

34. Slavoj Zizek ed. *Jacques Lacan: Critical Evaluations in Cultural Theory (VolumeII Philosophy).* London and New York: Routledge, 2003.

35. Bruce Fink. *Lacan to the Letter: Reading Écrits Closely.* Minneapolis: University of Minnesota Press, 2004.

36. Ellie Ragland and Dragan Milovanovic. *Lacan: Topologically Speak-*

ing. New York: Other Press, 2004.

37. Véronique Voruz, Bogdan Wolf edited. *The Later Lacan*. New York: State University of New York Press, 2006.

38. Ed Pluth. *Signifiers and Acts: Freedom in Lacan's Theory of the Subject*. Albany: State University of New York, 2007.

39. Russell Grigg. *Lacan, Language, and Philosophy*. Albany: State University of New York Press, 2008.

40. Tom Eyers. *Lacan and the Concept of the 'Real'*. New York: Palgrave Macmallian, 2012.

41. Jonathan D. Redmond. *Ordinary Psychosis and the Body*. London: Palgrave Macmillan, 2014.

42. T. R. Johnson. *The Other Side of Pedagogy*. New York: Suny Press, 2014.

(二)论文

1. Jacques Derrida. *The Purveyor of Truth. Yale French Studies*, No. 52, Graphesis: Perspectives in Literature and Philosophy, 1975.

2. Barbara Johnson. *The Frame of Reference: Poe, Lacan, Derrida*. Yale French Studies, No. 55/56, *Literature and Psychoanalysis*. The Question of Reading: Otherwise, 1977.

3. Jacques Derrida (translated by Alan Bass). *Differance. Margins of Philosophy*, 1981.

4. Daniel W·Smith. The Inverse Side of the Structure: Zizek on Deleuze on Lacan. Criticism, vol. 46, NO. 4, 2004.

5. Douglas Sadao Aoki. Letters from Lacan. Paragraph, Volume 29, NO. 3, 2006.

6. Jacques-Alain Miller(translated by Barbara P. Fulks). The Logic of Cure. Lacanian Ink, Vol. 33. 2009.

二、中文文献

（一）著作

1. ［美］雅柯布森：《雅柯布森文集》，钱军编译，湖南教育出版社，2000年版。

2. ［法］拉康：《拉康选集》，褚孝泉译，上海三联书店2001年版。

3. ［法］尚·拉普朗虚，尚-柏腾·彭大历斯著：《精神分析辞汇》，沈志中，王文基译，行人出版社，2001年版。

4. ［法］保罗·利科：《活的隐喻》，汪堂家译，上海译文出版社，2004年版。

5. ［法］茨维坦·托多罗夫：《象征理论》，王国卿译，商务印书馆2004年版。

6. ［法］德勒兹：《哲学的客体》，陈永国译，北京大学出版社，2009年版。

7. ［英］狄伦·伊凡斯：《拉冈精神分析辞汇》，刘纪蕙，廖朝阳，黄宗慧，龚卓军译，台湾：巨流图书股份有限公司2009年版。

8. ［丹］奥托·叶斯柏森：《从语言学角度论人类、民族和个人》，世界图书出版社，2010年版。

9. ［法］菲利克斯·加塔利，吉尔·德勒兹：《资本主义与精神分裂（卷二）：千高原》，姜宇辉译，上海书店出版社，2010年版，第103页。

10. ［比］阿方斯·德·威尔汉斯，威尔弗莱德·维尔·埃克：《现象学和拉康论精神分裂症——在脑研究十年之后》，胡冰霜，王颖译，四川大学出版社，2011年版。

11. ［美］安娜·玛丽·史密斯：《拉克劳与墨菲：激进民主想象》，付琼译，江苏人民出版社，2011年版。

12. ［瑞］费尔迪南·德·索绪尔：《普通语言学教程》，刘丽译，中国社会科学出版社，2011年版。

13. ［德］尼采：《苏鲁支语录》，徐梵澄译，商务印书馆2011年版。

14. 屠友祥：《索绪尔手稿初检》，上海人民出版社，2011年版。

15. 吴琼：《雅克·拉康：阅读你的症状（上）》，中国人民大学出版社，2011年版。

16. ［奥］弗洛伊德：《弗洛伊德文集第二卷》，车文博主编，长春出版社，2012年版。

17. ［奥］弗洛伊德：《弗洛伊德心理治疗案例两种：施雷伯大法官 少女杜拉的故事》，李韵译，上海锦绣文章出版社，2012年版。

18. 高宣扬主编：《法兰西思想评论·2012》，人民出版社，2012年版。

19. 莫雷：《穿越意识形态的幻象》，中国社会科学出版社，2012年版。

20. 郭乙瑶：《性别差异的诗意书写——埃莱娜·西苏理论研究》，北京师范大学出版社，2013年版。

21. ［爱］詹姆斯·乔伊斯：《一个青年艺术家的画像》，朱世达译，上海译文出版社，2013年版。

22. ［斯］齐泽克：《意识形态的崇高客体》，季广茂译，中央编译出版社，2014年版。

23. ［斯］齐泽克：《享受你的症状——好莱坞内外的拉康》，尉光吉译，南京大学出版社，2014年版。

24. ［英］托尼·迈尔斯：《导读齐泽克》，白轻译，重庆大学出版社，2014年版。

25. ［英］维特根斯坦：《逻辑哲学论》，王平复译，江西教育出版社，2014年版。

26. ［英］肖恩·霍默：《导读拉康》，李新雨译，重庆大学出版社，2014年版。

27. ［奥］弗洛伊德：《鼠人：强迫官能症摘录》，林怡青，许欣伟译，社会科学文献出版社，2015年版。

28. ［法］克里斯蒂娃：《语言，这个未知的世界》，马新民译，复旦大学出版社，2015年版。

29. ［法］马科斯·扎菲罗普洛斯：《女人与母亲：从弗洛伊德至拉康的女性难题》，李锋译，福建教育出版社，2015年版。

30. ［英］尼古拉斯·罗伊尔：《导读德里达》，严子杰译，重庆大学出版社，2015年版。

31. ［法］AJ. 巴特雷，尤斯丁·克莱门斯编：《巴迪欧：关键概念》，蓝江译，重庆大学出版社，2016年版。

32. ［法］菲利普·拉古-拉巴特，让-吕克·南希：《文字的凭据：对拉康的一个解读》，张洋译，漓江出版社，2016年版。

33. 霍大同，谷建玲主编：《精神分析研究第二辑》，商务印书馆2016年版。

34. ［法］米歇尔·福柯等：《文字即垃圾：危机之后的文学》，赵子龙等译，白轻编，重庆大学出版社，2016年版。

35. ［斯］齐泽克：《延迟的否定：康德、黑格尔与意识形态批判》，夏莹译，南京大学出版社，2016年版。

36. ［美］史蒂夫·Z. 莱文：《拉康眼中的艺术》，郭立秋译，重庆大学出版社，2016年版。

37. ［加］斯图亚特·G. 杉克尔主编：《20世纪科学、逻辑和数学哲学》，中国人民大学出版社，2016年版。

38. 孙秀丽：《克里斯蒂娃解析符号学研究》，黑龙江大学出版社，2016年版。

39. ［英］尤金·W. 霍兰德：《导读德勒兹与加塔利〈千高原〉》，周兮吟译，重庆大学出版社，2016年版。

40. ［法］阿兰·巴迪欧：《数学颂》，蓝江译，中信出版社2017年版。

41. 冯雷：《理解空间：20世纪空间观念的激变》，中央编译出版社，2017年版。

（二）论文

1. 禾木：《不在之在何以存在？——论拉康关于实在的理论》，《哲学动态》2003年第5期。

2. 郑文东：《符号域的空间结构——洛特曼文化符号学研究视角》，《解放军外国语学院学报》2006年第1期。

3. 蓝江：《从主人话语到普遍性话语：对拉康的〈讲座XVII〉中四种话语理论分析》，《世界哲学》2011年第5期。

4. 屠友祥：《象棋之喻：语言符号的差异性与非历史性——索绪尔手稿研究之一》，《文艺理论研究》2011年第6期。

5. 屠友祥：《指称关系和任意关系、差异关系——索绪尔语言符号观排除外在事物原因探究》，《外语教学与研究》2013年第3期。

6. 张彩霞：《皮尔斯符号理论研究》，山东大学，2015 年。

7. 江飞：《隐喻与转喻：雅各布森文化符号学的两种基本模式》，《俄罗斯文艺》2016 年第 2 期。

8. 屠友祥：《语言单位：居间介质与话语链》，《外语教学与研究》2016 第 3 期。

9. 赵靓：《拉康与法国精神分析批评》，《社会科学家》2017 年第 6 期。

三、其他参考文献

1. Jacques Lacan(translated by Cormac Gallagher). Family Complexes in the Formation of the Individual. www. lacaninireland. com,2003.

2. Jacques Lacan. "Some Reflections on the Ego". www. nosubject. com,2006.

3. Jacques Lacan(translated by Cormac Gallagher). The Seminar of Jacques Lacan：Book Ⅴ, The Formations of the Unconscious1957—1958. www. lacaninireland. com.

4. Jacques Lacan. The Seminar of Jacques Lacan：Book ⅩⅤ, The Psychoanalytic act 1967—1968. www. lacaninireland. com.

5. Jacques Lacan. The Seminar of Jacques Lacan：BookⅩⅩⅢ, Joyce and the Sinthome1975—1976. www. lacaninireland. com.

6. Jacques – Marie – Émile, "Jacques lacan's Theory of 'The Mirror Stage'". www. williamcookwriter. com,2009(03).

7. 蔡宸亦：《塞缪尔·贝克特的"喜剧细胞"》，http://www. chinanews. com/cul/news/2009/05 – 14/1692625. shtml.

8. "What does Lacan Say About the Mirror Stage". www. lacanonline. com,2010.

9. Reading 'The Neurotic's Individual Myth'—Lacan's Masterwork on obsession . www. lacanonline. com . 2013. 9. 23.

致　谢

在山东大学四年的博士生涯，终于以《拉康精神分析学的能指问题》一书画上了句号。本书不仅是我四年来学术进步的见证，更是老师、同学对我热心帮助的集中体现，在此，终于有机会向他们道谢。

首先要感谢的是我的导师屠友祥教授。从课题选择，到内容修改，直至终稿的完成，屠先生都对我做出了悉心的指导。屠先生知识渊博，对待学术认真严谨，他的治学态度将会影响我的一生。在生活上，屠先生也给予了我极大的帮助，每次遇到瓶颈，他都会不厌其烦地替我分析，并为我提供意见。在此，对屠先生的付出表示衷心的感谢。

本书的完成，亦离不开文艺美学研究中心的其他学者，曾繁仁教授，谭好哲教授，程相占教授，凌晨光教授，曹成竹老师……在他们的课堂上，我都受益匪浅，也想借此表示对他们的敬意。另外，我的同学也在本书的写作上，为我提出了诸多宝贵的建议，能和这些同学同窗四年，是我的荣幸。

另外，还想感谢我的父母。他们无条件支持着我读博的选择，并且在我遇到学术困境的时候，竭尽全力为我提供帮助，没有他们的付出，就没有本书的完成。感谢每一位在我写作期间提供帮助的人，在此向你们表示最真挚的谢意！

杜超

2018 年 5 月 20 日

攻读学位期间发表的学术论文目录

1.《论镜像阶段中的自我及其与主体的关系》,《内江师范学院学报》2016年第9期,第92-97页,合作,第一作者。

2.《拉康与索绪尔:能指链的形成》,《山东社会科学》(CSSCI),2017年第8期,第73-81页,合作,第一作者。(此文已被人大复印资料《文艺理论》全文转载,见2017年第11期。)

3.《转喻与隐喻:拉康的能指链的运作方式》,《东岳论丛》(CSSCI),2018年第4期,第134-141页,合作,第一作者。